여 행 에

물 들 다

여행에 물들다

여.작.이

알비

작가소개

김승아

넋 놓고 바쁘게 살다가 밤만 되면 예쁜 달과 별을 찾고,
새벽 감성으로 글 쓰는 여자. 어릴 때부터 가고 싶은 나
라들을 지도에 표시만 빼곡히 해두었었다. 이런저런 핑
계로 미루다가, 어느 날 아무 계획 없이 떠난 뉴욕을 시
작으로 '진짜 나'를 만나러 세상에 나갔다. 여행객들로
북적이는 명소보다는 그 옆 골목길에서 시간 보내는
것을 좋아한다. 청춘의 한가운데 서 있는 작가는, 앞보
다는 좌우를 더 보며 살고 싶은 사람이다.

Instagram : tbd_1122

조성주

금요일 밤에 혼자 맥주를 마시며 좋아하는 영화나 만
화책을 보는 것이 유일한 낙이다. 슬램덩크를 좋아하던
학창시절의 꿈들은 사라지고 지금은 자본주의의 노예
가 되었다. 유일하게 남은 꿈은 여행이다. 그래서 여행
만큼은 아직도 왼손은 거들뿐이다.

한성민

무작정 짐 싸고 떠나기를 몇 차례. 우연히 만나게 된 여행지.
호주 바이런 베이에서 몸은 힘들지만 마음은 행복하게 1년
반을 지냈다. 지금도 그 시간을 그리워하고 있다. 여행은 작
가에게 소중한 추억을 남겨주었고, 또 다른 인생의 소중한
추억을 만들기 위해 오늘도 여행하고 있다.

김민경

단기간 머무르는 여행에 신물이 날 때쯤 키르기스스탄에서
1년을 살게 되었다. 이방인이었기에 더 자유로웠고, 스스로
솔직할 수 있었다. 하루에도 몇 번이고 행복하다 외쳤던 시
간이 여전히 그리워 기억을 더듬어봤다.

이경원

매서웠던 한국의 지난겨울, 비행기에서 맞았던 태국의 뜨거
운 태양을 잊을 수 없다. 겨울과 여름을 넘나들었던 그 순간
만큼 서른둘 인생에서 벅차올랐던 순간이 얼마나 있었을까.
작가에게 여행은 뚝뚝 끊어져 버린 일상을 이어주고 새로운
시작을 지지해 주었다. 정답이 없는 인생에 있어 자신의 '답'
에 가까이 서게 해줬다.

이아린

여행한 뒤로 그 안에 머무는 자연과 사람을 닮아가면서 세상을 바라보는 눈이 더 따뜻해지고, 모든 일상에 감사하게 되었다. 설렘과 두려움으로 시작한 여행은 어느덧 나아갈 의미를 던져주는 삶의 일부가 되었다. 행복했던 순간들을 사진과 글로써 많은 이들과 공유하고 싶다.

한혜미

일에서 열정을 찾고, 여행에서 낭만을 찾는다. 언제나 달콤한 인생을 꿈꾸기에 작가의 인생은 늘 낭만의 현재진행형이다. 하루하루가 치열해서 여행만큼은 철저하게 혼자가 되고 싶었다가 한 여행에서 소중한 사람과 함께하는 특별함을 알게 되었다. 글 쓰는 내내 행복했던 여행이 전해져 모든 이에게 행복이 깃들기를 염원한다. 지은 책으로 〈미리 알았다면 좋았을 텐데〉가 있다.

Instagram: hanemigram

E-mail: ha_ne@hanmail.net

구진영

해외나 지방 출장 도중에 틈틈이 여행하다 보니, 여행은 언제나 일과 함께 붙어 있었다. 하나에 매달려 꾸준히 하지 못하고, 이것저것 널뛰듯 관여하는 성격상 일상에 찰싹 붙어 따라오는 여행이 긴 휴식보다 나았다. 일하는 8시간과 잠자는 8시간을 뺀 나머지 시간은 어떻게든 보고, 듣고, 즐기려 하고 있다. 그 틈새를 처음으로 열어본다.

Facebook : lovelygudada

신민영

축구는 그리고 여행은 내 인생을 더 단단하고 부드럽게 만들어주었다. 중학교 2학년 때 친오빠의 권유로 처음 세리에 A를 보기 시작하면서 본격적으로 축구와 사랑에 빠졌다. 현재까지 모은 축구 유니폼만 해도 170벌이다. 성인이 된 후 돈을 모으기만 하면 유럽으로 가서 축구를 보았다. 축구를 보는 것도 좋아하고, 축구로 인해 얻은 소중한 인연들 또한 좋아한다. KBS N Sports에서 '신민영의 라리가 프리뷰쇼'를 진행했고, WK리그, 2017 컨페더레이션스컵 축구 해설을 하면서 축구에 대한 전문지식 또한 겸비해가고 있다. 앞으로도 축구와 함께 굴러가는 스토리를 이어갈 예정이다.

CONTENTS

CONTENTS

01

잔잔하게　물들다

_ 낯설음이 익숙함이 되기까지 _

그냥
하는

여행

　　　미국에 간단 이야기를 했을 때 친구들 모두 비슷한
물음을 던졌다. 새로운 세상을 구경하고 싶어 떠나는 마음이었지만, 그 물
음이 여행에 무거운 짐을 얹어버렸다.

　　"어학연수를 위해 미국에 가는 거야?"
　　"가면 취업에 도움이 되는 거야?"
　　"큰 의미 하나는 있어야 하잖아?
　　지구 반 바퀴를 돌아 여기까지 왔는데!"

　　뉴욕에 온 지 일주일이 지나고 거리에서 캐럴이 들려오기 시작할 때
까지 친구들의 물음을 짊어지고, 뉴욕의 빌딩들 사이에서 '여행의 결과'를
얻어 가기 위해 여기저기를 찾아다녔다.
　　언어 교환모임, 단기 인턴십, 국제학생 봉사단 모집 글 등을 찾아 헤
매며, 고민하고 걱정했다. 여행의 목표를 세우지 않고는 앞으로 남은 두
달을 버티기 힘들 거로 생각했다. 뉴욕에서의 첫 열흘이 가장 힘든 시간
이었다.

고민과 함께 방황하며 42번가를 걷던 어느 날, 문득 거리를 바쁘게 건너던 사람들에게 눈길이 갔다. 많은 사람이 크리스마스 장식을 하나씩 몸에 걸친 채 오가고 있었다. 산타모자, 루돌프 머리띠, 건물마다 꾸며진 크리스마스트리.

그제야 나는 집 앞 공원에 크리스마스 마켓이 열리고, 공원 스케이트장의 붐비는 사람들을 보았다. 답답한 생각에 갇혀 주변을 보지 못하고 있는 동안, 도시의 사람들은 일상 속에서 다가오는 크리스마스를 즐기고 있었다.

"난 왜 여기에서까지 생각이 복잡하지?"

그날부터 여행의 이름을 '그냥 하는 여행'으로 지었다. '복잡하게 생각하지 말고, 여기 있는 수많은 사람 사이에 자연스럽게 스며들어보자!' 그 순간부터 인터넷 서핑과 검색 따위는 집어치우고 거리로 나갔다. 시장 구경도 하고, 공원에 앉아 커피도 마시고, 관광객 틈에 끼어 사진도 찍고, 나의 진짜 여행이 시작되었다.

모든 일에

의미를 부여할
필요는 없다.

한 번쯤

마음 가는 대로
해도 좋지 않을까.

천천히
걷다 보면

혼자 하는 여행은 함께하는 여행과는 다른 느낌을 주었다. 누군가를 바쁘게 따라다니며 랜드마크에서 인증사진을 찍지 않아도 되고, 발길 닿는 대로 거리를 걷다가 멈추고 싶은 곳에 서서 마음에 쏙 드는 작은 가게를 만나도 되었다. 무엇보다 내가 진짜 좋아하는 것이 무엇인지 알게 되었다.

포토존으로 알려진 브루클린 덤보에 북적이는 사람들 사이를 쿨하게 지나쳤다. 뒷길로 조금만 가다 보면 작은 들판에 석양이 걸터앉는 브루클린 브리지와 맨해튼의 빌딩들이 멋진 야경을 준비하며 엽서처럼 펼쳐졌다. 뉴욕에 있는 동안 이 들판을 몇 번이고 다시 찾아가 석양을 바라보곤 했다. 조용하고 평화로운 곳에서 보는 밤하늘은 엠파이어스테이트 빌딩에서 보는 야경보다 깊은 여운이 남았다.

바쁜 일상에서는 하기 힘든 '하늘 바라보기', 하루에도 몇 번씩 고개를 들어본다. 오늘의 구름은 어떤 모양인지, 해가 질 때는 무슨 빛으로 변해 가는지, 그날의 달은 어떤 모습으로 도시를 비추는지 바라보는 습관이

생겼다. 하늘 저 멀리를 바라보면 도시의 기분이 마음속으로 전해지는 느낌이다. 앞만 보고 걷던 날들과 다르게 더 커다란 세상을 눈에 담으면 감정도 다양해졌다.

혼자 다니는 나에게 말을 걸어오는 사람들이 더는 낯설지 않았다. 작은 통통배를 타고 코로나도섬으로 이동하는 동안 예쁜 돌멩이를 주웠다고 보여주는 남자, 샌프란시스코 거리의 트램 안에서 수다를 떨었던 귀여운 할아버지, 산타모니카 해변에서 정말 멋진 하늘을 미소와 함께 보던 사람들 등. 금방 잊힐 수도 있는 짧은 대화의 순간과 모습도 오래 기억에 남았다.

무심코 걷다가 햇살에 마음이 편해져 가만히 서서 행복한 기분을 만끽하면 '이 도시의 주인은 나야!' 하는 착각마저 들게 했다.

라라
랜드

뉴욕을 떠나 미국 서부로 향하면서 샌프란시스코, LA, 샌디에이고를 구경해야겠다고 생각했지만, 구체적인 계획은 없었다. 무얼 해볼까 고민하던 중에 일정이 맞아 함께 다니게 된 동행이 재미있는 제안을 했다. 최근 개봉한 'LA LA LAND'라는 영화가 있는데 LA에서 촬영했다고 해 그 영화를 보기로 했다. 동네 오래된 영화관에서 영화를 보고 나온 우리는 여운에 취해 OST를 흥얼거렸다. 'City of Stars, are you Shining just for me~'

궁금해졌다. 영화 속 세바스찬이 City of star를 부르던 부둣가에서 보는 노을은 어떤지, 영화 속 주인공이 되어보기로 했다.

다음날 미야와 세바스찬이 처음 만났던 할리우드 거리에서 출발해 허모사비치에서 노을을 보고, 재즈에 관해 이야기를 나누던 'The LightHouse Cafe'에서 재즈를 듣기로 했다. 자고 일어나면 나는 미야가 되어 있을 것이다.

아침부터 폭우가 쏟아졌다. 목적지로 향하던 버스는 길에 물이 고여

못 간다며 길바닥에 우릴 버리고 가버렸다. 시작부터 평범하지 않았다. 다시 허모사비치의 부둣가를 가기 위해 지하철을 탔다. LA는 대중교통이 위험하다고 했는데. 역시나, 우릴 만만하게 본 흑인이 마약 냄새를 풀풀 풍기며 끊임없이 시비를 걸었다. 우리의 영화, 성공적으로 끝낼 수 있을까?

겨우 도착한 허모사비치에는 도무지 비가 그치질 않았다. '그래도 분위기는 있네' 나름의 위로를 해가며 비가 그치길 바라는 마음으로 수평선 너머를 바라보았다.

예정된 일몰 시각이 가까워지자, 거짓말처럼 빗줄기가 약해졌다. 저멀리 조금씩 보이는 해는 바다를 부드럽게 물들였다. 그리고 돌고래들이 부둣가 주변에서 헤엄치고 있었다. 생각지 못한 조연들이다. 분홍빛 바다에 돌고래라니! 비가 점점 그쳐갔다. 해가 수평선에 걸리면서 해안가의 집들을 노란 황금빛으로 물들였다.

이번엔, 무지개다. 황금빛 도시 끝에서부터 무지개가 높게 걸쳐졌다. 이렇게 황홀한 영화의 엔딩은 본 적이 없다.

LA-LA LAND! '꿈의 나라, 비현실적인 세계'라는 뜻을 가진다.

가장
뜨거운
하루

낯선 곳에서 오랫동안 머문다는 것은 쉽지 않은 일이다. 적응하기도 힘들고, 반겨주지 않을까 걱정도 되었다. 뉴욕은 달랐다. 그곳에서 보낸 45일은 다시 뉴욕을 그리워하게 했다. 자꾸만 겨울의 그 거리로 돌아가고 싶었다.

1월 1일 볼드랍 대신 센트럴파크에서 불꽃놀이와 함께 해피뉴이어를 외치며 포옹을 하고 다녔다. 잠들지 않는 타임스퀘어의 새벽, 늦은 시간이 맞나 싶을 정도로 많은 사람으로 붐볐다. 거리의 수많은 외국인 사이에서 보낸 새해는 뉴욕에서 지낸 겨울 동안 가장 뜨거운 하루였다.

쉴 새 없이 빵빵거리는 차들 사이, 커피를 한 손에 쥐고 한쪽을 살핀다. 옆에서 걷던 사람들과 템포를 맞춰 길을 건넜다. 더는 횡단보도의 빨간 불빛이 눈에 들어오지 않았다. 'ONE WAY' 걸음을 늦추지 않고 걸어가는 이 거리에서 난 자주 보던 영화 속 뉴요커가 되었다.

메트로를 타러 역으로 내려가면 항상 음악 소리가 들렸다. 이 역에서

는 어떤 곡이 연주되고 있을까, 오늘의 선곡이 궁금해졌다. 다양한 나라에서 온 사람들이 들려주는 온갖 장르의 음악들은 힘이 되었다. 도심 속 분주한 움직임 속에서 행복한 소리로 지나가는 사람들을 응원하고 있었다. 흥에 겨운 행인들의 댄스파티가 열리는 날에는 나도 노래를 따라 부르며 한참을 그 앞에 서 있곤 했다. 작은 공연들은 어느새 나에게 주는 매일의 이벤트가 되어버렸다.

짧은 시간 뉴욕이 보여준 수많은 매력에 반한 나는 온 마음으로 느끼며 빠져들었다.

그제야
트리니다드를
떠날 수
있었다

   트리니다드에 있는 동안 '레오네 숙소'에 머물기로
한 이유는 아바나에서 만났던 한 동생이 추천했기 때문이었다. 숙박료가
10불이고, 무료 조식도 나온다고 했다. 쿠바의 다른 숙소들의 숙박료가
20불 이상에 조식이 유료인 것을 생각하면 참 싼 편이었다. 게다가 다른
배낭여행객들이 많이 오는 곳이라 하니 혼자 여행 중인 나에게는 이상적
인 조건이었다.

   '레오네 숙소'는 이름 그대로 레오라고 하는 장년의 남성이 가족과 함
께 운영하는 곳이었다. 레오네 가족은 친절하긴 했지만, 말이 거의 통하지
않았다. 이들은 스페인어 밖에 할 줄 모르고, 나는 스페인어를 할 줄 몰랐
다.
   가끔 내가 아는 간단한 스페인어와 그들이 아는 초보적인 영어(나의
스페인어만큼이나)가 바디랭귀지와 섞여서 그럴싸한 대화가 이뤄질 때가
있긴 했다. 뭐 그래 봤자 레오의 와이프가 해준 저녁을 먹고 엄지를 올리
며 '맛있어!'라고 한다거나 대낮부터 베란다에 나와서 술을 마셔대는 나
에게 레오가 '넌 미친X야'라며 검지를 귀에 가져다 대고 빙글빙글 돌리는

정도의 단순한 의사소통뿐이었지만.

　레오네와 본격적으로 친해진 것은 숙소에 머문 지 4~5일이 넘어 다른 여행자들 앞에서 터줏대감 노릇을 하던 때였다. 트리니다드는 여행객들이 짧으면 반나절, 길어도 3일 이상은 머물지 않는 작은 도시였기 때문에 나는 꽤 오래 지내는 편이었다. 며칠을 함께 지내다 보면 가까워질 수밖에 없는 것이 인지상정이었다.

　동네 사람들과의 술자리에 초대받기도 하고, 유명 펍에 함께 나들이를 가기도 하였다. 그에 따라 나의 트리니다드 일정도 5일에서 6일, 6일에서 7일로 늦춰지다 결국 10일을 채우게 되었다.

　레오와 처음으로 제대로 된 대화를 나눈 건 트리니다드의 마지막 밤이 되어서야 가능했다. 이날 새로 들어온 대만 아가씨가 영어와 스페인어가 모두 가능했던 덕이다. 그녀를 가운데 앉혀놓고 여러 이야기가 오갔다. 레오가 나보다 4살 많은 것도 이때 처음 알았고, 내가 쿠바 외에 다른 국가들도 여행 중인 것을 레오도 처음 알았다.

레오는 체 게바라의 얼굴이 있는 동전을 선물로 줬다. 1모네다. 환율로는 0원이나 다름없지만 체 게바라의 초상화가 있는 동전을 쿠바에서 더 발행하지 않아 수집 가치는 매우 높았다. 아직도 반짝반짝한 것이 꽤 소중히 다뤄온 티가 났다.

떠나는 날은 이른 아침에 혼자 조식을 준비하던 레오와 작별인사를 했다. 레오는 집 밖의 큰길까지 따라 나왔다.

멋대가리 없는 남자들이라 별다른 말 없이 서로 손을 내밀어 악수했다. 굳은살이 덕지덕지 난 그의 까만 손을 통해 정이 느껴졌다. 가끔 에세이 같은 데서 나오는, 말은 안 통해도 마음을 나눌 수 있다는 등의 감상적인 말이 완전히 거짓은 아니란 걸 알게 되었다.

악수 후 그만 들어가라고 손을 몇 번 흔들고는 앞으로 터벅터벅 걸었다. 몇 발자국 걷다가 뒤를 보니까 레오가 아직 안 들어가고 나를 보고 있었다. 다시 손을 흔들고 조금 걷다 뒤돌아보면 아직 그대로고…. 몇 번을 반복하다 간신히 시야에서 레오가 사라졌다. 나는 그제야 트리니다드를 떠날 수 있었다.

눈물을
쏟고
싶었다

　　　　　　　관심도 없던 아이티를 가기로 한 것은 순전히 캐롤
라인 때문이었다. 캐롤라인을 처음 만난 것은 도미니카 공화국의 수도인
산토도밍고를 여행할 때였다. 당시 나는 별다르게 하는 일도 없이 숙소에
서 인터넷과 맥주로 대부분 시간을 보내던, 반백수와 같은 생활을 하고
있었는데 우연히 알게 된 이 독일 여자가 옆 나라인 아이티로 간다는 말
을 듣고 나도 데리고 가달라고 졸랐다.

　42시간 후, 나는 그녀와 함께 아이티 국경에서 입국 심사를 받기 위
해 줄을 서고 있었다. 수도로 연결되는, 이 나라 최대 입국장이라고는 생
각할 수 없을 정도로 작고 낡은 곳이었다.
　입국장의 많은 사람 중에 흑인이 아닌 사람은 우리 둘뿐이었다. 나머
지는 모조리 도미니카 공화국에서 고국으로 돌아가는 아이티인들인 것
같았다. 나는 이렇게 많은 흑인을 한 번에 본 적이 없으므로 긴장이 되었
다.

　줄을 서서 차례를 기다리고 있는데 뒷줄에 있던 한 흑인 남자가 사람

들 간에 자연스럽게 형성된 간격을 무시하고 내 뒤로 바짝 붙었다. 슬금 슬금 나를 앞질러서 새치기할 모양이었다. 뭐라고 한마디 해야 할 것 같긴 한데 아직 명확하게 새치기를 하겠다는 액션을 보인 게 아니라 나와의 폭을 좁힌 것뿐이었고, 또 이놈의 덩치가 너무 컸기 때문에 일단 상태를 지켜보기로 했다.

잠시 시간이 지나자 녀석은 점점 몸을 나에게 밀착시키기 시작했다. 이제 새치기를 하겠다는 의도가 분명히 보이는 것이어서 마음의 준비를 해야 했다. 하지만 나의 다짐은 '30cm만 더 가까이 와봐라. 아주 혼쭐을 내줄 테다'였다가 10초 뒤 '10cm만 더 다가오면 버럭 소리를 질러줘야지'로 바뀌었고, 다시 10초 뒤에는 '5cm만 더 오면 그 땐 정말로 참지 않겠어'라는 식으로 한없이 미뤄지게 되었다.

왜냐하면, 이 흑형은 덩치가 크고 무섭게 생겼기 때문이다. 이렇게 머 뭇거리는 동안 녀석은 영역을 슬금슬금 확장해서 거의 반쯤 내 자리를 빼 앗았다. 나약한 내 모습과 뻔뻔한 흑형의 콜라보로 인해 최악의 상황으로 치닫기 일보 직전, 앞에 있느라 여태 상황을 모르고 있던 캐롤라인이 우연히 고개를 뒤로 돌렸다.

똥 씹은 듯한 내 얼굴을 보고 모든 상황을 파악한 후 '오지마 내 친구가 먼저야!'라고 따끔하게 한마디를 하고는, 키가 190cm는 되고 어디 옥타곤에서 이종격투기를 뛰어도 될 듯한 근육질의 남자를 팔로 밀어내는 것이었다.

이 말을 들은 녀석은 'What?'이라며 말도 안 된다는 제스처를 취하긴 했지만, 순순히 뒤로 물러났고 나는 자리를 사수할 수 있게 되었다.

오! 캐롤라인, 잔인하게 생긴 나쁜 놈을 물리친 그녀를 보니 너무 멋있어서 감탄의 물개 박수가 나왔다. 그리고 덩치 큰 흑인의 새치기를 막지 못한 지난 3분간이 수치스러워지면서 그녀 품에 안겨서 한바탕 눈물을 쏟고 싶어졌다.

뛰어내리지
않을 용기

　　　　　빨간색 티셔츠와 모자를 쓰고 있던 세이프가드가 다이빙대로 향하는 나를 제지하고는 벽에 걸려 있는 안내판을 손으로 툭툭 쳤다.

　"잠깐, 너 뛰기 전에 이거 한 번 읽어봐"

　응? 이게 뭐지? 영어로 된 문장을 어렵게 읽어봤다. '여기서 다이빙을 하다 죽거나 다치더라도 책임을 묻지 않겠다'는 내용이었다.
　다치거나 죽는다고? 그렇지, 높은 데서 뛰어내리면 그럴 수도 있는 모양이구나. 그냥 다른 사람들처럼 멋지게 뛰어내리는 내 모습만 떠올렸지 이런 일이 있을 수 있다는 건 생각지 못했다.

　자메이카의 네그릴이라는 해안가 도시에는 바다 위 절벽에서 다이빙할 수 있는, 카리브해에서 꽤 유명한 카페가 하나 있다. 우리나라의 한 유명 예능 프로그램에도 소개된 적이 있는 곳인데, TV로 봤을 때는 그저 여기서 다이빙을 하고 싶다고 생각만 했다가 실제로 자메이카 여행을 온 후에 예전 기억을 떠올려서 어렵게 찾아온 곳이었다.

　다칠 수도 있다는 걱정에 머뭇거리고 있자 '다 읽고 이해했으면 이젠 뛰어도 돼'라고 세이프가드가 한마디 더 던진다. 으음, 일단 위로 올라가서 한 번 얼마나 높은지 볼까? 당장 뛸 마음은 없었지만, 계단 위의 다른 사람들처럼 줄을 섰다.

　위에 올라가 보니 10m쯤 밑에 출렁이는 카리브해의 파도가 눈에 들어왔다. 아까 본, 죽거나 다칠 수 있다는 경고가 그냥 겁만 주려던 건 아니었다. 잘못 떨어지면 어떻게 될지 상상력을 발휘하고 있는데 벌써 내 차례가 되어 왔다.

　바로 앞에 있던 서양 소년이 보란 듯이 앞으로 구르며 멋있게 점프를 했다. 카페 여기저기에 흩어져서 맥주를 마시며 구경하던 관광객들이 손뼉을 쳐렸다. 그리고 이제 다음 타자인 나에게로 사람들의 시선이 쏠렸다. 아, 아직 마음의 준비가 안 되었는데….

　그럴 만도 한 것이 수영할 줄은 알지만, 다이빙은 한 번도 안 해봤다.

일반 다이빙대도 아니고 10m 절벽에 서 있자니 뛰어내릴 엄두가 나질 않는 것이다. 짧은 시간 동안 많은 생각이 머리를 스치고 지나갔다. 과연 뛸수 있을까? 뛰다가 절벽의 바위에 머리를 부딪치지는 않을까? 혹시 다이빙한 후에 바다에 너무 깊게 들어가서 수면 위로 올라오지 못하면 어쩌지? 등 젠장, 생각이 많아질수록 뛰어내릴 수 있는 확률은 줄어들고 있었다. 눈 딱 감고 몸을 던질 수 있는 용기가 필요했다.

그 무섭다는 아이티까지 다녀온 몸인데, 이제 와서 포기한다고 해도 사람들의 시선이 집중되어 있는지라 다시 돌아서는 것이 쉬운 일은 아니었다. 모두 비웃을 것 같고 다른 사람들과 비교가 될 것이다. 나보다 한참 어린 10대 소년이 아무렇지도 않게 뛰어내린 걸 생각하면 남자로서 굴욕감도 느껴질 것 같았다.

뒤에 있는 사람들의 눈초리가 등에 날아와서 꽂히고, 내가 뛰기를 기다리며 관객들이 누르는 카메라 셔터 소리가 귀에 크게 들리는 것 같았다. 시간이 흐르고 이제 결정을 내려야 할 순간, 나는 눈을 질끈 감아버렸다. 뛰어내리지 않는 데도 용기가 필요하다.

우유니,

일몰과
함께 지다

시장 바닥의 작은 식당 앞에서 여자들이 어르신과 잠시 대화하는 동안 젊은 부부의 남편이 내 옆으로 슬쩍 다가오더니 낮은 소리로 물었다.

"어떻게 할 거예요? 끝까지 따라올 분위긴데"
"그러게요. 정말 모시고 가야 하려나?"
나는 반쯤 포기한 듯한 대답을 내놓으면서도 속으로는 이 상황을 빠져나갈 궁리를 하고 있었다.

"젊은이들, 여기 잠깐 들러서 뭐라도 먹고 가지?"
등 뒤로 들리는 어르신의 목소리에 우리는 약속이나 한 듯 고개를 뒤로 돌려 "예 그러시죠"라고 크게 대답했다.

볼리비아의 수도, 라파즈에 있는 한인 숙소에서 만난 어르신 부부와의 불편한 동행은 어젯밤 식사자리에서 비롯되었다. 당시 숙소의 투숙객은 젊은 부부, 나, 나와 동행이었던 한국인 아가씨 그리고 남미에서는 보기 드물게 나이가 지긋한 노부부가 있었다. 노부부는 놀랍게도 벌써 몇 주째 남미를 여행 중이라고 했다.

여행자들이 만나면 늘 그렇듯이, 밥을 먹으며 서로의 일정을 이야기하고 있는데 옆에 있던 어르신께서 우리 얘기를 듣다 덜컥 한마디를 던졌다.

"그래? 자네들도 우유니 사막으로 간단 말이지? 우리도 모레 우유니에 가기로 되어 있으니 같이 가면 되겠구먼."

제안이라기보다 통보에 가까운 말에 순간 일행의 얼굴이 굳어졌다. 볼리비아는 언어의 압박이나 현지인들의 불친절함 때문에 다른 남미 국가보다 여행 환경이 안 좋은 편이다. 그런데 이분들과 다니며 온갖 잡일을 돕고 통역을 해야 하는 불편한 일들이 생길 것이 염려됐기 때문이다.

어르신들이야 타지에서 한국인 청년들을 만나니까 반갑기도 하고 든든한 마음이 생겨서 그렇게 말했을 것이다.

말솜씨가 있고 머리 회전이 빠른 젊은 부부는 "아, 저희는 바로 내일 저녁 버스를 타고 이동하기로 되어 있어서요."라며 발을 뺐다. 아, 한발 늦었다. 꼼짝없이 내가 어르신들과 함께 이동할 모양새가 되었다.

"우리가 이 젊은이를 따라가면 미안해서 어떻게 해요." 미안한 마음이 들었는지 사모님께서 한마디 했다가 "뭐 밥이나 사주고 그러면 되지!" 대수롭지 않게 던지는 어르신의 말씀에 "그렇죠? 아이고 그럼 신세 좀 져야겠네"라고 금방 수긍을 하였다.

아! 대놓고 신세를 지겠다고 하는 걸 보니 이분들이 무슨 생각으로 같이 가자고 하는지 확실히 알 수 있었다. 몇 끼 얻어먹는 대가로 남미 여행의 하이라이트 중 하이라이트인 우유니를 어르신들 모시며 다닐 생각을 하자 머리가 아파졌다. 그렇다고 따로 가겠다고 매몰차게 말할 용기는 나도, 함께 있던 그녀도 가지고 있지 않았다.

3일 뒤 늦은 오후, 나는 여행사에서 제공한 휴대용 의자에 앉아 커피

를 마시며 우유니 사막의 일몰을 감상하고 있었다. 주변에는 함께 여행을 다니던 그녀와 투어에서 만난 젊은 한국인들만 있었다. 결론은 그 어르신들과 함께 우유니에 오지 않았다. 어르신들은 막상 출발 날이 되자 몸이 좋지 않다며 숙소에 며칠 더 머물겠다고 하였다. 어르신들의 몸이 정말 좋지 않았는지 아닌지는 알 수가 없었다. 우리가 티를 안 냈다고 생각했지만 두 배나 더 인생을 산 분들이 미숙한 젊은이들의 심리를 눈치채는 것은 어렵지 않았을 것이라는 추측 정도만 할 뿐이었다.

원하는 대로 또래 여행객들과 우유니의 태양을 감상하는데 왜 그 어르신의 얼굴이 떠오르는 것인지 모르겠다. 안쓰럽게 지고 있는 태양을 멀리서 남의 일인 듯 바라보는 내 모습에, 노년에 어렵게 여행을 하던 어르신들을 피하려고만 했던 내 모습이 오버랩이 되었던 것일까?

부끄러운 기억을 되돌리는 사이,
우유니의 태양은 그 모습을 완전히 감췄다.

아직,
아마존의
하루는
끝나지
않았다

      '아무래도 한 박스는 너무 적었다. 조금 더 사 올 걸.' 다 마신 캔을 갑판 위에 놓인 쓰레기통에 골인시키며 생각했다. 하루가 지났을 뿐인데 맥주는 한 캔밖에 남지 않았다. 이것까지 마시면 남은 이틀 동안은 뭐하면서 보내야 하나? 어제저녁부터 생긴 염려가 현실화되었다.

    브라질 북부 아마존강 상류-하류를 오가는 정기선을 타기로 했을 때는 '아마존'이라는 이름이 주는 환상에 젖어서 3일이 이렇게 길게 느껴질 거라고는 생각지 못했었다. 보통 아마존 하면 떠올리는 열대우림, 문명화되지 않은 부족민들, 이구아나 같은 희귀동물들은 투어 프로그램에 참여했을 때나 경험할 수 있는 것들인 모양이었다.

    운송 수단으로만 이용되는 배에서 먹고 자는 것 외에 할 것이라고는 갑판에 나와서 풍경을 감상하는 것뿐이었다. 어제부터 계속 풍경을 감상해도 이구아나는커녕 한 마리의 야생동물도 보지 못했다. 부족민들 대신 강어귀에 집 지어 놓고 사는 사람들의 모습을 한두 번 봤을 뿐이다.

7개월 전 멕시코에서 산 이후로 매일같이 신어서 거의 다 떨어져 나간 슬리퍼의 앞부분을 본드로 붙여봤다. 최근에 보기 시작한 스페인어 문법책을 몇 장 넘겨보기도 했다. 신발을 붙이는 것도 금방이고, 공부에는 취미가 없으니 30분 보기가 쉽지 않았다.

유일한 외국인이었던 나에게 말을 걸어보는 사람들이 없었던 건 아니지만 포르투갈어를 모르니 대화가 길게 이어질 리가 없었다. 자꾸 맥주가 아쉽다. 탑승 전에 맥주 한 상자를 살 때는 이걸 혼자 다 처리할 수 있을지 걱정을 했었다.

하지만 막상 배에 타고 나서는 풍경을 감상하며 한 캔, 잠자기 전에 한 캔, 자다 깨서 한 캔, 낮잠 자기 전에 한 캔, 낮잠 자다 깨서 한 캔 등 곶감 빼먹듯 먹다 보니 벌써 다 마신 것이다. 이럴 줄 알았으면 한 상자 더 사서 올 걸 그랬다.

슬리퍼에 묻힌 본드가 거의 말라갈 즈음 배가 경적을 울리며 속도를 줄였다. 앞에는 어느 마을 입구, 나무로 지어진 선착장이 보였다. 여기에 배를 멈출 모양인가 보다.

마을로 들어오는 배가 신기했던지 동네 꼬마들이 나와서 구경을 했다. 큰 유람선도 아니고 이런 배가 뭐가 신기하다고 나와 있을까 싶었는데, 아마존 유역의 마을들은 육로는 막혀 있고 유일하게 밖으로 연결되는 이 배도 3일에 한 번만 지나간다는 걸 생각하면 그럴 수 있겠다고, 고개가 끄덕여졌다.

배가 멈추고 각종 수화물이 내려지는 동안 난간에 기대서 꼬마들 얼굴을 쳐다보다가 한 녀석과 눈이 마주쳤다. 현지인들 사이에 낀 아시아인이 신기했던지 녀석이 좀처럼 눈을 떼질 않았다. 한동안 서로 얼굴을 바라보다가 눈싸움에 익숙지 않은 내가 항복을 했다. 그래도 괜찮다. 눈싸움하는 동안 시간을 20초 보냈다.

다른 꼬마 몇 놈과 더 눈싸움하다 지겨워져서 스스로 휴전을 선언하고는 해먹이 있는 곳으로 돌아갔다. 해먹은 처음 배에 탔을 때 다른 승객의 도움을 받아 어렵게 설치한 것이었다.

한 번 운행하면 일주일이나 달려야 함에도 화물을 나르는 데 특화된 배의 특성상 침대칸이 없어서 승객들은 침대처럼 쓸 해먹을 각자 걸어놔야 했다.

해먹에 누워 시선을 멀리하고 하늘을 바라봤다. '파란 배경에 하얀 조각구름이 흘러갔다'는 상당히 틀에 박힌 표현으로 묘사 가능한 풍경었다.

익숙할 듯한 풍경이 낯설게 다가왔다. 한국에서는 야근이 많은 직업 특성상 하늘을 올려다 볼 일이 없었으므로 확실히, 하늘을 보는 건 오랜만에 하는 일이었다.

여유롭게 하늘을 보고 있자니 바쁜 일상에서 벗어나기 위해 여행을 시작했으면서도 여행이 주는 느긋함이 답답해 발버둥 친 나 자신이 보이기 시작했다. 아무래도 난 그동안 마음 편하게 쉬는 방법조차도 잊어버렸던 모양이었다.

한국에서와는 다른 것을 보고 느껴 보는 것, 그것이 내가 여기에 온 목적이었을 텐데. 그것이 꼭 거대한 이구아나나 무시무시한 문신을 한 원주민이 아니어도 말이다.

이런 생각을 하고 나니 하늘의 구름이 신기하게도 사람의 머리 모양과 닮은 것이 보였다. 옆자리에 앉은 로컬 아주머니가 이상한 천을 등허

리에 묶은 것도 눈에 들어왔다. 숄도 아니고 머플러도 아닌, 다른 나라에
서는 볼 수 없었던 천이었다. 아주머니와 눈인사라도 하고 친해진 뒤 그
게 뭔지 한 번 물어봐야겠다. 그리고 어제 나에게 말을 걸었다 말이 안 통
해서 내가 무뚝뚝하게 대하자 금방 뒤돌아선 청년에게도 말을 걸어봐야
겠다.

이제 맥주는 없어도 아직 아마존의 하루는 끝나지 않았다.

뜻밖의
선물

한여름의 바다를 얼마 만에 보는 것일까. 나는 강물처럼 흐르다 여유로운 바이런 베이로 스며들었다. 호주에서 만난 첫 바다였다. 편안한 마음에 눈을 감고 시원한 바닷바람을 한껏 들이마셨다.

얼마나 시간이 흘렀을까? 스치는 바람처럼 가볍고 부드러운 손길이 팔목에 느껴졌다. 깜짝 놀라 눈을 떠 보니 한 여자가 살짝 올라간 입꼬리로 말하고 있었다.

"같이 춤출래?"

방파제 근처에서 음악에 맞춰 자유롭게 춤추던 사람 중 한 명이었다. 꽃무늬 민소매 원피스 위에 살결이 비치는 얇은 검은색 카디건을 입고 있었고, 허리까지 내려온 자연스러운 웨이브의 갈색 머릿결이 바람에 살랑살랑 날리고 있었다.

"OK!"

나 자신도 믿지 못할 대답과 함께 그녀에게 이끌려 사람들 사이로 흘러들었다. 오른팔을 그녀의 허리에 두르고 남은 손을 수줍게 맞잡았다. 엉거주춤하게 뒤로 뺀 내 엉덩이에 그녀가 귀엽다는 듯 까르르 웃었다. 얼마나 어색하고 부끄럽던지…. 손에 느껴지는 실크 촉감이 그렇게 부드러울 수 없었다.

　어색함 반, 설렘 반으로 몇 분을 보낸 후 그녀는 머리카락처럼 짙은 갈색 눈을 찡긋했다. 처음처럼 둘은 자연스럽게 떨어졌다. 아쉬운 마음을 뒤로 한 채 다시 바다를 바라보았다. 저물고 있는 해는 나처럼 아쉬운 듯 황금빛을 쏟아내고 일렁이는 파도는 고스란히 그 빛을 담아내고 있었다.

　"나도 여기서 살아야겠다."

　처음이지만 낯설지 않았던 사람들과 여유로운 바다.
　바이런 베이는 이방인인 나에게 뜻밖의 선물로 다가왔다.

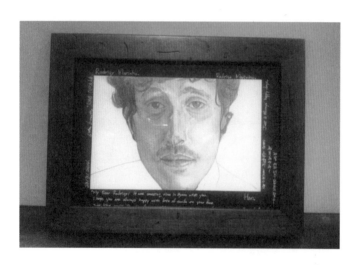

Irmao

형제

    R이 브라질로 돌아간다는 소식을 듣자마자 주저 없이 연필을 쥐었다. 바이런 베이에서 R과 함께했던 수많은 추억을 그리고 싶었다. '떠난 후에도 그림 속의 자신을 보며 나를 기억해 주겠지.'라고 믿고 싶은 마음에.

    지웠다 그리기를 얼마나 반복했을까? 노트북 사진 속의 R은 우수에 찬 깊은 눈빛과 알 듯 말 듯 한 옅은 입가의 미소로 나를 지긋이 쳐다보고 있었다. 마치 '걱정하지 마'라고 말하는 것 같았다. 다시 연필에 힘을 주어 선을 그었다. 연필심이 종이를 스칠 때 나는 소리는 내 마음을 다시 차분하게 했다.

    키 185cm에 덩치가 큰 R은 호주 워킹홀리데이를 갔을 때 같은 어학원, 같은 집, 같은 방에서 지냈던 친구다. 평소 R은 덩치가 무색할 만큼 사람 좋은 웃음을 가지고 있었다. 거기다 실없는 농담도 얼마나 잘하는지 배꼽 잡고 웃던 순간이 셀 수도 없었다.

    R을 친형처럼 느끼게 한 사건이 있었다. 운전 부주의로 당시 살고 있

던 집 주차장을 훼손시켜 강제퇴거 통보를 받은 적이 있다. 브라질 친구 4명, 일본 친구 1명 그리고 나. 모두 6명이 살고 있었고, 같이 살던 친구들 모두 어학연수와 워킹을 목적으로 온 터라 장기간 살 집이 절실히 필요했던 때였다. 당시 바이런 베이의 방값은 상당히 비싼 편이었고, 방을 구하는 사람이 많아 새로운 방을 알아보기란 하늘의 별 따기였다. 그런 상황에서 나 때문에 강제퇴거라니 얼마나 미안했는지 모른다.

충분히 비난을 받을 수도, 호되게 욕을 먹을 수도 있는 상황이었지만, R과 친구들은 '걱정하지 마'라는 말과 함께 웃음 가득 시원한 맥주를 주었다. 특히 내 성격을 잘 아는 R은 친형처럼 나를 잘 다독거려 주었다.

집에서 쫓겨나 서로 뿔뿔이 흩어진 후에도 R이 귀국하기 전까지 우린 언제나처럼 깔깔거리며 맥주를 기울였다. 다행히 지금도 R은 나를 기억한다. 여전히 SNS를 통해 익살맞은 농담을 던진다. 그럴 때면 변함없는 R의 모습을 떠올리며 흐뭇한 미소와 함께 기분 좋은 추억에 잠긴다. 지금까지도 난 영락없는 철부지 동생이고, R은 철부지 형이다.

한 번의
포옹

타인의 도움을 받는 것에 익숙하지 않았었다. 물론
지금도 그렇다. 문제나 고민에 맞닥트리면 혼자서 끙끙 앓았다. 그런 나
에게 타인의 도움을 받는 것이 필요하다는 걸 보여줬던 사람이 바로 나의
선생님, Lisa다.

워킹홀리데이가 끝나갈 무렵, 바이런 베이 어학원에서 IELTS(국제영
어능력시험) 수업을 들을 때였다. 고민 끝에 떨어지지 않는 입을 열었다.

"선생님, 저 아무래도 끝까지 못 할 것 같아요."

평소답지 않은 표정과 말의 무게를 느낀 선생님과 나는 테라스로 나
갔다. 오르지 않는 시험 점수, 같은 반 유럽 친구들과의 격차는 점점 벌어
지고 있었다. 오를 수 없는 산처럼 느껴졌다. 몇 마디나 했을까. 수치심과
괴로움, 분노 등의 감정이 북받쳐 순간 나도 모르게 눈시울이 붉어졌다.

선생님은 선뜻 나를 안아주었다. 전혀 예상하지 못했던 포옹이었지만

따뜻했다. 등을 쓸어내리는 선생님의 왼손에 나를 힘들게 하던 걱정들이 쓸려나갔다.

선생님의 포옹은 단 한 번도 느껴보지 못했던 위로이자 도움이었다. 나는 자신을 한없이 작게만 느끼고 있었고, 누구에게도 내 속을 들키기 싫었었다. 선생님은 나약했던 내 마음을 잘 알고 있었고, 아무 말 없이 시린 내 마음을, 봄처럼 따뜻한 그녀의 품으로 안고 녹여주었다.

'왜'를 잊는

나만의 방법

바이런 베이의 Main Beach. 집보다 이곳에서 지낸 시간이 더 많았다. 친구들과 함께 수영과 바디서핑, 일광욕하며 책을 보고, 수다를 떨던 곳으로 셀 수 없는 추억을 간직한 곳이다.

바이런 베이를 떠올리면 유독 그날이 떠오른다. 사람들은 '삶'이라는 묵직한 주제에 대해 '왜'라는 물음표를 달고 저마다의 이유를 찾는다. 존재에 대한 이유, 살아가는 이유, 여행하는 이유 등등.

나 또한 그날, '왜'라는 녀석 때문에 좀처럼 잠들 수 없었다. 동틀 무렵, 집 앞 Main Beach로 나섰다. 뭔가 필요했다.

해변에 도착하자마자 나를 반긴 건 작고 잔잔한 파도들. '쏴'하는 소리와 하얀 거품을 마지막으로 사라졌다가 금세 또 다른 파도가 밀려왔다. 사이다를 마시는 것처럼 시원한 청량감이 '왜'의 'ㅇ'을 해소해 주는 듯했다.

한결 편해진 기분으로 주변을 살피니 좌우 끝도 없는 수평선이 나를

반겼다. '나처럼 평온하게 마음을 가져 봐'라고 말하고 있는 것 같았다. 한 참을 물끄러미 바라보니 성난 파도처럼 요동치던 마음이 수평선처럼 잔 잔해졌다. 그렇게 '왜'라는 녀석의 'ㅗ'는 잔잔히 사그라들었다.

마지막으로 나를 반긴 건 바다가 수평선 위로 떠올리는 해였다. 동틀 녘, 해가 구름 사이로 내놓은 따뜻한 빛줄기는 캄캄한 내 마음을 비추기 시작했다. 어느새 수평선에서 한 뼘 정도 떠오른 해는 그 따뜻한 빛줄기로 '왜'라는 놈의 마지막 'ㅐ'를 비춰 몰아냈다.

그렇게 한결 홀가분해진 마음으로 엉덩이에 모래를 툴툴 털었다.
그리고 나는 다시 일어났다.

충분히
할 만큼
했어

워킹홀리데이 2년 동안 동고동락했던 1998년식 빛 바랜 녹색 자동차가 있었다. 이따금 차에 관한 이야기를 나눌 때마다 떠오르는 녀석이다.

어느 날, 골드 코스트 공항으로 아는 형을 데려다주러 가는 길이었다. 좁은 고속도로, 녀석이 흰 연기를 토해냈다. 녀석을 얼른 갓길에 세우고 뚜껑을 열자 미처 빠져나오지 못한 연기와 함께 뜨거운 열기가 얼굴을 뚫고 올라왔다.

"큰일이다"

전부터 말썽이던 냉각수 파이프가 수명을 다한 것이었다. 해 질 무렵, 긴 기다림 끝에 도착한 레커카는 바이런 베이 외곽의 폐차장으로 곧장 달렸다. 정말이지 애물단지를 끌고 가는 심정이었다.

폐차장 앞, 갓길에 옮겨진 녀석이 풀이 죽어 쥐죽은 듯 세워져 있었다. 폐차장 직원이 냉정하게 녀석의 사망 선고를 내렸다. 녀석의 몸값으로 푼돈을 받고 씁쓸하게 나왔다. 나는 분풀이하듯 녀석에게 아쉬운 눈길 한 번 주지 않았다. 그게 우리의 마지막이었다.

녀석이 무슨 죄라고 마지막 순간에 애틋하거나 미안한 눈길조차 한 번 안 줬을까. 긴 시간, 참 성실히도 아픈 곳 참으며 넓은 호주 땅에서 두 발이 되어준 녀석이었다. 수많은 사진 중에 녀석과 같이 찍은 사진 한 장 없는 게 참 아쉽다.

요즘 종종 쓰이는 표현 중에 '애정하다'라는 표현이 있다. 아끼고 좋아하는 마음으로 바라본다는 뜻이다. 녀석이 항상 옆에 있을 때는 몰랐다. 나는 녀석을 '애정하지' 않았다.

미안하다. 그리고 넌 '충분히 할 만큼 했어.'

02

쌓일수록   아름다운

_ 세상에 물들며 사랑을 배우다 _

키르에
혼자 사는
女子

태어난 지 26년 만에 독립했다. 독립을 꿈꿔왔던 것
은 결코 아니었다. 그 반대였다. 가족들의 귀가가 늦어지는 밤이면 온 집
안 불을 다 켜고 핸드폰을 붙잡고 있던 나였다. 무서워서 절대 혼자 살고
싶지 않았다. 그 겁쟁이가 갑작스레 독립했다. 그것도, 연고라고는 없는
중앙아시아의 키르기스스탄으로.

키르기스스탄은 보쌈 문화가 아직도 남아 있는 곳이라 했다. 위험한
곳이니 조심하라는 얘기도 많이 들었다. 정작 도착해보니 키르기스스탄
(이하 키르)은 조금 낯선 곳일 뿐, 무서운 곳이 아니었다. 도로포장이 시
급한 데가 있었지만 다니는 데 문제가 있을 정도는 아니었다. 귀머거리에
까막눈 신세여도 도움이 필요할 땐 만국 공통어, 바디랭귀지를 쓰면 됐다.
다 사람 사는 곳이었다.

혼자 사니까 스스로 챙겨야 할 것들이 많아졌다. 장 보고, 빨래하고.
주기적으로 쓸고 닦고 정리하고. 한 달에 한 번 인터넷 요금을 선불하고,
우체국에 가서 세금도 냈다. 잊지 않고 집주인 '마디나'에게 연락해 월세

도 냈다. 대부분 처음 해보는 것들이었다. 그 와중에 매일 출근하는 곳에
도 적응해야 했다. 혼자 버벅대고 있을 거라는 엄마의 예상과 달리, 난 한
국에서보다 부지런하고 즐겁게 새 생활에 완벽히 적응해 갔다. 알람 없이
일어나 노래 틀어놓고 춤추면서 집안일을 했다. 퇴근한 후에는 건조대의
옷들을 깔끔하게 개어놓고 개운하게 잠자리에 들었다. 혼자 보내는 밤도
더는 무섭지가 않았다.

한국에 비교하면 키르는 일상의 속도가 느렸다. 사람들은 게으른 듯
느긋하게 살고 있었다. 그들을 따라 나도 꽉 쥐고 있던 주먹을 느슨하게
풀었다. 그러자 잊고 잊던 내 안의 아날로그적 감성들이 서서히 제자리를
찾아갔다. 천천히 내게 맞는 속도로, 내 보폭대로 걸어도 마음이 조급하지
않았다. 가장 빠른 길보다는 돌아가더라도 낙엽이 가장 예쁘게 흐드러진
길을 찾아 걸었다. 이어폰에서 흘러나오는 노래보다 서걱거리는 낙엽 소
리가 더 좋았다. 내가 언제부터 길을 가렸지? 이전엔 고려해본 적 없던 것
에도 내가 좋아하는 것을 금방 찾아냈다. 그렇게 내 취향을 하나씩 알아
갔다. 마음이 평온해졌다.

내 말동무는 이때까지 본 중 가장 긴 미소를 가진 사람이었다. 가로수가 멋진 어느 공원을 거닐다가 벤치에 누워 하늘을 보며, 그는 불만을 느끼기엔 세상이 너무 아름답다고 했다. 그는 이미 모든 것을 가져서 갖고 싶은 것이 없는 욕심 없는 부자였다. 나랑 다른 세상에 사는 것 같은 사람, 그와 걸을 때면 나도 내 마음의 무언가를 조금씩 덜게 되었다. 걱정, 불안, 우울 이런 것들. 종종 같이 걷다가 자주, 이윽고 매일 같이 걷게 되었을 때, 내 마음엔 좀 더 온기가 있는 것들이 자리를 잡았다. 감사, 기쁨, 그리고 사랑도.

내가 무엇을 좋아하는지, 어떤 것을 가치 있게 생각하는지, 어떤 사람과 어떻게 사랑 하고 싶은지 아는 것. 욕심을 버리고 단순하게 생각했더니 하나씩 알게 됐다. 그리고 나를 더 사랑하게 됐다.

바나나
셰이크

중앙아시아 음식들은 전반적으로 맛있었다. 게스트
하우스에서 1주일을 지내는 동안에는 아침이 꼬박꼬박 나왔다. 요거트,
리뾰쉬카(лепёшка), 잼, 까샤(каша), 과일. 푸짐한 밥상 앞에 신이
났다. 어느 날 점심은 일반적인 키르식 레스토랑에서 먹었다. 향신료의 풍
미가 은은하게 느껴지는 다양한 종류의 샐러드와 볶음밥류, 소고기, 닭고
기로 만든 샤슬릭(шашлык)이 한가득 차려졌다. 하나씩 음미하며 맛보
니 배가 금세 불러 왔다. 집 계약을 했던 날의 저녁 메뉴는 양고기 바비큐.
바싹 구워진 아기 양의 사실적인 비주얼에 경악했지만 먹기 좋게 잘린 접
시 위 고기들은 목구멍으로 잘만 넘어갔다.

그랬는데, 하루하루 시간이 갈수록 나는 입이 짧아져 갔다. 키르 음
식은 모두 맛있었지만 좀 달고, 진하고, 느끼했다. 더 목구멍으로 넘어가
지 않는 지경에 이르렀다. 무의식이 떠올린 건 '바나나 셰이크.' 달게 익은
바나나와 우유를 넣고 갈아 만든 싱싱한 바나나 셰이크가 생각났다. 다른
것 말고 그것이 먹고 싶었다. 그것만 먹고 싶었다.

집을 구하고 본격적으로 자취 대열에 합류하자마자 이민 가방 깊숙한 데서 믹서를 꺼냈다. 그리고는 서둘러 근처 마트에서 바나나와 우유를 사 왔다. 설레는 마음으로 바나나 껍질을 모두 벗겨 작게 썰고 비닐봉지에 적당량을 담아 냉동실에 넣었다. 그리고 다음 날 일어나자마자, 얼린 바나나를 꺼내 믹서에 넣고 우유를 반 정도 부어, 바나나에 서린 얼음이 좀 녹도록 기다렸다. 그리고는 1분가량 '윙―.' 되직하게 갈린 뽀얀 바나나를 투명한 유리컵에 가득 붓고 플라스틱 숟가락을 꽂으면 완성. 아! 위와 장에 끼어 있던 기름에 드디어 안녕을 고했다.

"밥은 어떻게 해? 매번 사 먹어?"
"아니."
"그럼 직접 요리해 먹어?"
"음― 아니."

나는 굳이 따지자면 요리할 필요가 없는 것을 사 먹는다 했다. 먹어 보라고, 반할 거라고, 집에 오는 친구들에게 꼭 한 잔씩 만들어주었다. '우와, 진짜 맛있다!' 다 마셔놓고, 이걸로 식사를 해결하는 건 좀 너무하다는 반응들이었다. 맞는 말이긴 했다. 사실 식사보다는 간식에 가까우니까. 하지만 '식사'보다 싱싱한 바나나 셰이크 한 컵으로 가뿐하게 하루를 시작하고 가볍게 하루를 마무리하는 게 좋았다. 더 먹으면 과할 것 같았다. 그래서 여름 내내 그것이 내 주식이었다.

한국에 돌아와서도 바나나 셰이크를 하루에 한 잔 마신다. 레시피는 그대로인데 키르에서 먹던 바나나 셰이크 맛은 나질 않는다. 아니, 바나나 셰이크 보다 바나나 셰이크'만' 먹던 날들이 그립다. 단순 소소했던 내가 그리운 걸지도 모르겠다.

!
리뾰쉬카(лепёшка) : 난과 비슷한 빵으로 키르기스스탄 사람들의 주식이다. 화덕에서 구우며, 가운데 부분이 납작하고 둘레는 폭신하다. 간이 살짝 되어 있어 그냥 먹어도 맛난다. 성인의

손 크기 정도 되며 한 개 가격은 한화로 300~400원이다.

까샤(каша) : 귀리와 같은 곡물을 넣어 만든 죽인데, 우유를 넣어 끓이기도 한다. 달다.

샤슬릭 : 꼬치구이로 닭고기, 소고기, 양고기, 돼지고기, 채소 등 종류가 다양하다. 꼬치구이 자체보다도 찍어 먹는 소스의 풍미가 독특하다.

기억보다
훨씬
더
낭만적인

여름 끝자락 이식쿨에 있었다. 나와 D 그리고 K와 J
도 있었다. 이식-쿨. 겨울에도 얼지 않는다는 호수다. 꼬박 4시간을 달렸
다. "우와 바다다! 아니 호수다!" 호수 저편이 존재할까 싶었는데 뭔가 병
풍처럼 서 있는 게 보였다. "저 산에 만년설이 쌓여 있는데…. 오늘 안개
때문에 잘 안 보이네요." D는 못내 아쉬워했지만 우린 이미 석양에 넋을
놓고 있었다. 하늘에 스며든 보랏빛, 분홍빛, 주황빛 물감. 황홀함에 물들
어가고 있었다. 해 질 녘이 아니라 황혼 녘이라 해야 할 것 같은 순간을,
우리는 그저 말없이 휴대폰 화면에 담았다.

밤이 되자 D가 슬며시 제안했다. "우리 별 보러 갈까요?" 새벽 두시,
우리는 밤의 한 가운데 누웠다. 아무것도 보이지 않았지만, 발밑에서 호
수의 잔잔한 물결이 모래를 스치는 소리만큼은 또렷하게 들려왔다. 이윽
고 별들이 하나씩 나타나자, "저기 보이는 게 북두칠성이고 저것이 카시
오페이아 자리일 거예요." 그가 가리킨 별들은 머리맡에서 발밑으로 조금
씩 움직였다. 시간 가는 줄도 모르고 움직이는 '별 하늘'을 가만히 응시했
다. 새벽, 호숫가 모래사장에 누워 별 보기. 이보다 더 낭만적인 별구경은

없었다.

　분명, 넷이 떠난 여행이었음에도 기억의 앵글은 'D'만 관찰하는 3인칭 관찰자 시점에 가까워졌다.

　D는 주머니에 손을 찔러 넣고 호수를 향해 저만치 앞서 걸어갔다. 우리가 처음 보는 풍경에 감탄하는 동안 충분히 기다려주더니 휴대폰으로 우리 모습을 찍어 주었다. 이 호수를 수십 번 봤다는 그도 호수를 등지고 가다 말고 뒤돌아 사진을 찍었다.

　그날의 추억 중 D는 어떤 장면을 기억하고 있을까? 때마침 D가 사진 한 장을 보여줬다. "이것 봐, 내 베스트 컷! 진짜 아름답지 않아?" 사진에는 해를 등지고 선 내 모습이 담겨 있었다. 그 해 여름의 이식쿨은 내 기억보다 훨씬 더 낭만적이었다.

일요일엔
호산나

　　　흙구덩이를 파서 화장실을 만들고, 관을 땜질해서
굴뚝을 만들었단다. 화장실의 똥도 가끔 퍼 나르고, 텃밭에서 마늘을 캐다
보면 죽을 맛이라는 이야기도 들었는데, 내 머릿속에는 숲속의 예쁜 '오
두막'만 그려졌다.

　"나도 다음 주에 한 번 데리고 가줄래?"

　'오두막'은 숲속은 아니지만, 시내에서 한 시간 남짓, 함정처럼 파인
홈을 조심조심 피해 달려가다 보면 닿을 수 있었다. 먼지 날리는 흙바닥
과 아무렇게나 뒹구는 소똥들, 그 위에 세워진 파란색 대문까지. 척박해
보여도 옛날 할머니 집을 떠올리게 하는 시골의 정취를 풍기는 동네였다.
끼익—. 대문을 열고 들어가자 화단에 소박한 꽃들이 들꽃처럼 피어 있었
다. 조심스럽게 D를 따라 안으로 들어갔다.

　그곳은 교회였다. 그날은 일요일, 나의 첫 '주일'이었다.

　호산나. 의미는 잘 모르지만 청초하고 연약함이 느껴지는 이름이었
다. 직접 본 호산나 교회는 이름의 분위기를 그대로 형상화해 놓은 듯했

다. 사람이 앉은 자리보다 빈자리가 더 많았지만, 주고받는 포옹으로 훈훈하게 데워지는 공간이었다.

성당을 다녔었다. 하지만 발걸음이 끊긴 건, '신부님, 저는 하느님의 존재를 못 믿겠어요.'를 고백했던 고해성사 이후였다. 적나라한 고백에 신부님도 당황했을 터, 나는 꺼이꺼이 울다 나와 버렸다. 그런 내가 교회라니. 그것도 내 발로 직접 찾아가다니, 긴장되었다. 그걸 느낀 건지, D는 화장실이며 텃밭, 닭장까지 교회 구석구석을 안내해주고 세심하게 날 챙겼다.

"한번 왔다고 해서 계속 와야 하는 건 아니니까 부담 갖지 마요."
"아니야. 괜찮아. 억지로 가는 거 아니야."
진심이었다. 다음 주도 그 다음 주도 D를 따라 호산나에 갔다. 일요일 아침, 평일보다 일찍 일어나 준비를 하고, 한 시간가량 차를 타고 가는 것. 사실 나는 일요일 아침마다 나들이를 가는 것 같았다. 한편으로는, 매주 갈 곳이 있다는 사실이 안도감을 주기도 했다. 더군다나 그곳에는 언제나

따스하게 반겨주는 사람들이 있었다.

호산나에는 D가 마마, 빠빠라고 부르는 인자한 두 목사님이 계셨다. 권 목사님과 오 목사님. 두 분은 훗날 내게도 마마, 빠빠가 되어 주었다. 또 에직 아저씨가 있었다. 깊게 팬 주름조차 멋있는 아저씨는 그의 인생을 닮은 크고 단단한 주먹을 가지고 있었다. 난로 같은 온정을 지닌 사람들은 모두 합해 스무 명 남짓. 그들은 서로를 사랑했고 축복했다. '류블류 바스(사랑합니다)', '블라가다랴(축복합니다)' 그들은 처음 만난 나도 안아주었는데, '내가 너를 지켜줄게, 사랑해.' 울타리를 만들어 주는 것만 같았다. 낯선 나라에서 누군가 내 울타리가 되어주다니.

호산나에서 보내는 주일은 햇살 내리는 날 숲길을 천천히 거니는 것과 비슷했다. 누군가의 따스한 보살핌 아래 하는 평화로운 산책. 색으로 표현하면 따스한 감이 도는 짙은 녹색. 호산나 식구들이 마지막으로 안아주며 건넨 선물에는 꼭 그와 같은 녹색 풀밭 그림이 있었다.

그를
만나지

않았더라면

나의 키르 생활기를 듣던 친구가 묻는다. "그를 안 만났으면 키르 생활 어땠을 거 같아?" 처음 받아 보는 질문에 대답하기 위해, 그가 처음 등장하는 그날로 기억을 '뒤로 감기' 했다.

키르의 수도, 비슈케크에 도착한 지 3일째 되는 날이었다. 아침부터 꼬끼오- 닭이 울었다. 창문으로 쏟아져 들어오는 햇살이 날카로운 소리를 안아 조심스레 내 귀로 배달해주었다. 한여름인데도 뽀송뽀송한 방 안 공기에 쾌적함을 느끼며 개운하게 팔다리를 늘렸다. 온종일 아무것도 안 하고 마음껏 늘어지고 싶었다. 양옆으로 자리한 1인용 침대들, 난 아직 게스트하우스에 있었다. "휴, 얼른 집부터 구해야지."

집을 알아봐 주기로 한 곳에서는 여전히 소식이 없었다. 손목시계만 쳐다보고 있는데, '지잉', J에게서 연락이 왔다. J의 친구가 얼마 전에 이사해서 정보가 좀 있다고. 흔쾌히 집을 같이 봐주겠다고 했다. 아, 드디어 내 집 후보지라도 만날 수 있는 건가! 얼굴도 모르는 '친구'의 호의에 무한 감사를 느끼며 약속장소로 나갔다.

카페 '아드리아노'는 한국인을 위한 장소였다. 한국인이 아닌 사람은 '도브리 덴(좋은 날이에요.)', 손님을 맞이하는 웨이터들뿐인 것 같았다. 그때 누군가 우리 테이블에 와서 '안녕하세요.' 살가운 인사를 건넸다. 그렇게 우린 만났다.

"우와!, 누나 이 집 좋은데요?", "음, 근데 복도가 너무 어두워. 엘리베이터도 없네?"

"여기 넓고 좋은데요? 와 내가 살고 싶다.", "근데 너무 크다. 혼자 살기 무서울 것 같아."

4시쯤 만난 것 같은데, 어느새 8시가 넘어가고 있었다. 저녁도 안 먹고 그 시간까지 처음 만난 까다로운 누나를 위해 통역사에 중개인 역할까지 해준 그가 고마웠다. 다섯 번째 집을 마지막으로 늦은 저녁을 먹으러 갔다.

"누나, 이 동네 조용하고 살기는 좋아요. 청기와(한식당)도 가깝고."

"아는 사람도 없이 조용한 동네에 심심할 것 같은데?"

"놀면 되죠! 여기서 우리 집도 가까워요. 안 심심할걸요?"

말도 참 살갑게 하는 친구였다.

1주일 뒤, 마음에 쏙 드는 집에 짐을 풀었다. 추이 이사노바 105a. 보자마자 바로 계약했던 걸 보면 살 집에도 인연이라는 게 있나 보다. 그와 본 다섯 개의 집은 나와 인연이 아니었던 셈이다.

그도 나와 인연인가. 그 후로 우리는 자주 봤다. 우리 집에서 그가 사는 곳까지는 걸어서 20~30분이나 걸렸지만 중간에 공원도 있고 산책로가 많았다. 둘 다 산책하는 것을 좋아해 그 사이 어디선가 몇 번 만나다 자연스럽게 매일 만났다. 그 후로 내 일상은 그로 꽉꽉 채워졌다.

그를 만나지 않았어도 키르를 사랑했겠지만, 그를 뺀 키르는 상상하기 힘들다.

나를
생각하는

깊은
마음

　　　돌이켜보면 J와 나는 그냥 스쳐 지나갈 수도 있었던 사이였다. 2년 전 J에게 이성의 감정을 느끼기 전에 나를 향한(?) J의 촉이 범상치 않다는 것을 먼저 직감했다. 나의 목마름 포인트를 콕 집어내는 그의 재주는 강렬해 지나치기 어려웠다.

　　　처음 캘리그라피를 배워야지 맘먹고 있을 때, J는 캘리그라피를 배워보면 어떻겠냐고 제안을 했다. 자신은 캘리그라피를 하고 싶으나 악필이기 때문에 캘리그라피를 할 줄 아는 사람이 필요하며, 교육비를 지원해주고 싶다는 것. 물론 덜 친했을 때였기 때문에 당황했지만, 타이밍과 내 안의 욕구가 더해져 신선한 끌림이 되었다.

　　　친해질수록 우연은 더 많아졌다. 퇴사 이후 혼자만의 여행을 앞두고 여행하는 동안 글을 써야겠다고 생각했다. 미래에 대한 생각의 정리가 필요했던 시점이어서 마음껏 내 생각을 표현하고 여행지에서 느끼는 순간들을 사진에 담아내야겠다고 마음먹었다. 무작정 말이다. 그러던 어느 날 J가 링크 주소를 보내왔다. 여행에세이 작가 수업에 관한 링크였다. 여행

에세이를 펴내는 과정을 체험할 수 있는 과정이었다. 막상 글 쓰려는 마음만 있었고 막막했는데 타이밍까지 잘 맞아떨어지면서 또 한 번 놀랐다. 이렇듯 말하지 않는 고민을 읽어내 그 고민과 관련한 대안을 먼저 제시하곤 했다. 우연도 여러 번 쌓이면 필연이라는데 어느덧 그 측에 신뢰가 무겁게 쌓이고 있었다. 말로 콕 집어 설명은 힘들지만, 결과적으로 J를 만나면서 나를 더 많이 알아가고 있었다.

일본 여행도 그랬다. J는 나에게 함께 교토에 가고 싶다고 말했다. 처음 말을 꺼냈을 때 나는 듣는 둥 마는 둥 했다. 일본은 나에게 어떠한 감흥도 불러일으킨 적이 없었기 때문에 자연스러운 반응이었다. 추운 겨울이 한창인데도 J는 교토 사진을 보이며 '벚꽃 피면 정말 예쁘겠지? 나랑 벚꽃 만개한 일본 가고 싶은 사람?'하고 물으며 관심을 끌어대기 일쑤였다. 노력이 가상했던 걸까. 아니면 J와 함께하는 다른 세상이 궁금해서였을까. 매번 영혼 없이 '예쁘겠다'만 남발하며 웃어넘겼던 나도 봄이 오면서 포털사이트에 '교토 여행', '교토 오빠랑' 등의 검색어를 입력하고 있었다. 교토 탐색전을 벌이기를 몇 달, 한 블로그에서 교토의 유명 사찰로 가

는 '작은 언덕 사진 한 장'에 홀딱 마음을 빼앗겼다. '나 교토 갈래' 마침내 그의 밑 작업이 성공한 순간이었다.

J의 바람대로 나는 빠르게 일본에 젖어 들었다. 그의 재주가 뛰어난 걸까, 나를 생각하는 마음이 그만큼 깊어서일까.

벚꽃은
만개하지
않았지만

　　　　　여행은 자신이 계획한 머릿속 그림에 꼭 맞춰 흘러가진 않는다. 적어도 나의 여행에서는 그렇지 않았다. 손꼽아 기대한 것이 실망을 안겨주기도 했고, 전혀 기대하지 않았던 것에서 기쁨을 느끼기도 했다. 오래전 정말 가보고 싶었던 섬 '외도'에 가서 40도에 육박하는 뙤약볕에 아름다웠던 풍경의 감동은 고사하고 다시는 오고 싶지 않다는 생각을 했고, 작고 동글동글한 몽돌에 반해 우연히 들렸던 몽돌해변을 잊지 못하게 된 것처럼. 뜻밖의 행운이 나에겐 더 반갑게 느껴졌다.

　　교토여행도 그랬다. '산넨자카 니넨자카'라는 언덕 때문에 교토를 가게 됐다. 사진 한 장에 찍힌 언덕의 분위기가 갈 이유를 만들어줬기 때문이다. 그곳에서 아무런 감흥을 느끼지 못했다. 수많은 관광객으로 가득한 그곳에는 사진 속의 여유나 느낌을 찾을 수가 없었다. 특히 사람들로 북적이면 예민해지는 나로서는 벗어나고만 싶었다.

　　벚꽃도 만개하지 않았다. 활짝 핀 벚꽃을 꿈꿔 머릿속엔 온통 분홍빛으로 만개한 교토로 가득 차 있었다. 3월 말, 나는 피다 만 벚꽃만 보고 돌아와야 했다.

마음이 감동하는 곳은 따로 있었다. 교토 골목길을 걸으며 집마다 집 앞에 자전거가 한 대씩 세워져 있는 것이 자주 보였다. 이상하게 그 장면들은 발걸음을 멈추게 했고, 나는 달려가 셔터를 눌렀다. 소박함과 절제된 일상이 그대로 전해지면서 마음이 벅차올랐다.

교토의 시내를 벗어나 아라시야마로 가기 위해 란덴열차를 탔다. 매우 오래된 노면전차인 란덴열차는 귀여운 보라색으로 크기도 작았다. 요즘에는 보기 힘들게 수동으로 가는 열차였다. 덜컹덜컹 철도를 달리다가 버스처럼 시내 한복판을 가로질러 가기도 했다. 기관사는 사람이 지나가면 기다려주기도 했다. 벚꽃이 만개할 때면 벚꽃 터널을 지나가고, 단풍이 들 때면 단풍 터널을 지나가기도 한단다. 벚꽃도, 단풍도 보지는 못했지만 숨죽은 듯 조용히 창밖 풍경에, 열차 안에서 뿜어 나오는 아날로그 분위기에 귀 기울이는 그 순간이 너무 황홀했다. 어쩌면 나는 소소한 일상의 행복을 간절히 원하고 있다는 생각이 들었다.

처음 만난 교토는 기대처럼 흘러가지 않았다. 대신, 내가 어떤 것에 감동하고 어떤 것을 원하고 있는지를 보여줬다.

서른
하나,

덜어
내기

　　"우리 진짜 가는 거야?" 나는 눈을 끔벅이며 또 물었
다. 후쿠오카를 가기 정확히 2주 전 내 생일이었다. 서른한 번째 생일선물
로 후쿠오카 여행을 받았다. J는 서른 번째 생일 때 보다 업그레이드된 서
프라이즈로 서른한 번째 생일을 축하해줬다.

　　무기력증이 온몸에 퍼져있는 상태였다. 회사에 다닌 4년 차. 반복되
는 업무와 동료들의 연이은 퇴사 후 가중된 업무를 처리하면서 하루하루
를 겨우 연명하고 있었다. 주말이 되면 세상 행복한 여자이지만 평일에는
좀비의 모습을 하고 돌아다녔다. 월, 화, 수, 목, 금 5일간의 스트레스가 쌓
여 주말에 더 큰 소비를 통해 해소를 원하는 위험한 생활방식을 이어나가
고 있었다. 엎친 데 덮친 격으로 후쿠오카로 떠나기 전날엔 몸 컨디션까
지 악화해 병원에서 치료 후 영양제까지 맞고 나서야 후쿠오카로 떠날 수
있었다.

　　밤 10시의 후쿠오카 거리는 사람들과 차들로 북적였다. 자전거를 타
고 돌아다니는 모습도 흔했다. 늦은 시간임에도 불구하고 많은 사람이 활

동을 하고 있다는 것이, 묘하게 여행자를 안심시키고 기분 좋게 했다.

J와 후쿠오카 시내를 가로지르는 나카스 강변을 따라 걸었다. 바람이 따뜻해 좋았다. 한참을 걷다가 J가 멈춰 따라 멈췄다. 나카스 강 한쪽에서 'Tears In Heaven' 선율이 흘러나오고 있었던 것. 아저씨 한 분이 기타로 연주를 하고 있었다. 우리는 노래가 끝날 때까지 자리를 지키고 있다가 수줍게 박수를 보냈다. 아저씨는 박수 소리가 난 우리 쪽을 쳐다보며 두 손을 모아 '에에 아리가또~아리가또'를 두 번씩이나 외쳤다. '서울 한강에서 누군가 연주를 하고 있었다면 이렇게 멈춰 섰을까?' 일상을 떠나오니, 마음에서 여유가 나와 흐뭇했다. 그날의 날씨와 노래는 너무 잘 어울렸고, 여유가 절실했던 나에게 뜻밖의 위로가 되었다.

나카스 강변을 따라 늘어서 있는 포장마차 거리로 갔다. 야타이라 불리는 거리에는 오랜 전통을 지닌 포장마차들이 빨간 등불을 켜고 있었다. 강변을 따라 늘어선 모습이 보기만 해도 예뻤다. 정장 차림의 사람들은 하나둘 야타이로 모여들었고, 우리는 20년 전통을 이어왔다는 야타이로 향했다. 매실주 한잔과 어묵 모듬을 시켰다. 여행자로서 그들의 삶에 함께

하는 것 같아 기분이 좋아졌다.

밤이 늦도록 야타이의 빨간 등불은 꺼지지 않았다. 그러나 소주 한잔에 목청이 높아지거나, 휘청거리는 사람은 볼 수 없었다. 야타이 속의 그들은 술에 취해있지 않았다. 사람에 취해있었고 이야기에 취해있었다. 너무 자연스럽게 도란도란 삶을 나누며 하루를 덜어내고 있었다.

취기가 올라오는지 왠지 모를 도시의 여유에 부러움이 사무쳤다. 이들도 똑같이 하루를 힘들게 살아갈 텐데, 마치 그 하루를 덜어내는 방법을 아는 것 같았다.

'나는 왜 이들처럼 하루하루를 뱉어내지 못한 채 삼키며 꾸역꾸역 담고만 있는 걸까' 조용히 잔을 비워내며 그렇게 밤늦도록 야타이에서 하루를 덜어내는 방법을 배웠다.

안녕,

또
올게

유후인에서의 하루는 극명한 대조를 이뤄 마치 어딘
가에 홀린 듯한 착각마저 들었다. 아직도 잊을 수 없다. 칠흑같이 어두웠
던 밤과 눈부시도록 투명했던 아침 햇살을.

유후인 여행의 로망이었던 료칸에서의 시간은 너무 빠르게 지나갔다.
웰컴티로 준비된 따뜻한 녹차와 모찌를 입에 넣고서야 유후인에 왔다는
것을 실감했다. 우리만을 위해 차려진 료칸의 가이세키 요리에 감탄을 자
아냈다. 한상 한상이 나올 때마다 그 정갈함에 두 손이 절로 모였다. 창문
밖 유후다케산을 안주 삼아 마시는 나마비루(생맥주) 한잔은 단연 '사이
고(최고)'를 외치게 했다. 유후인에서 흘러가는 시간이 아까울 만큼 료칸
은 로맨틱했다.

일정상 다음 날 아침 기차로 유후인을 떠나야 했던 나는 유후인에서
의 저녁을 마음껏 누리고 싶었다. 하지만 료칸에서의 완벽한 식사가 끝
나갈 때쯤, 유후인은 관광명소가 아닌, 평범한 시골 마을로 돌변하고 있
었다. 마을의 모든 집이 짜고 친 듯 료칸 밖은 칠흑 같은 어둠으로 뒤덮여

아무것도 보이지 않았다. 가로등 하나 없이 적막했다. 사람들로 북적이던 메인거리인 유노추보 거리는 사람 한 명 오가는 소리 없이 쥐죽은 듯 조용했다. 마치 모든 것이 허상이고 마을에 덩그러니 남겨진 느낌이었다. 허망함에 무서움마저 들었다. 산책은커녕 아무것도 할 수 없는 현실을 받아들이는 것밖에 할 수 있는 게 없었다. 유후인에서의 하룻밤은 그렇게, 촛불 꺼지듯 쉽게 사그라들었다. 그제야 나는 잠시 놀러 온 관광객에 불과하다는 사실을 깨달았다.

허망한 밤을 지내고 맞이한 유후인의 아침은 아무 일도 없는 듯 해가 높이 떴다. 적막함은 온데간데없고 너무 평온해 헛웃음마저 나왔다. 나는 충격을 가라앉히기 위해 부드러운 두부와 미소된장국으로 속을 달랬다. 아쉬운 대로 기차 시간까지 남은 1시간을 유후인 랜드마크인 긴린코 호수 산책에 나서기로 했다. 산책길은 야속하리만큼 예뻤다. 유후인을 지키고 서 있는 유후다케산은 내 속도 모르고 햇살을 사방으로 쏘아대고 있었다. 가까이 갈수록 햇살은 더 투명해지고, 반짝반짝 빛이 났다. 긴린코 호수에 도착하자, 나는 또 한 번 절망할 수밖에 없었다. '여기가 이렇게 예뻤

나' 인터넷으로 찾아본 것과는 너무 달랐다. 호수의 절경을 사진이 담아내지 못했던 것이었다. 푸른 호수 뒤로 펼쳐진 나무들은 한 폭의 수채화를 그려놓은 듯했다. 나무 하나하나의 색이 달랐으며, 푸르름의 색도 수백 가지가 되는 듯했다. 조명 비추듯 햇살이 나무들을 하나씩 비추어주자, 푸르름이 시시각각 변하고 호수에 반사된 그 모습이 너무 아름다워서 절망적이었다. 눈으로 담아내야 할 시간이 부족해지자 바쁘게 셔터를 눌러댔지만 담기지 않았다. 까만 어둠 뒤에 이렇게 멋진 보석을 담고 있는 유후인이 얄궂을 만큼 아름다웠다.

관광객에 불과한 나는 아름다운 대자연 앞에 이 말밖엔 할 수 없었다.

'안녕. 다음에 또 ...... 올게'

동일(日)이몽,
어쩌다 일본을

　　　　　아무리 생각해도 나와 J가 일본여행을 좋아하는 이유는 일본의 감성이 잘 맞기 때문이다. J를 만나고 내가 좋아하는 것을 상대방이 충분히 공감해주는 것이 얼마나 큰 기쁨인지 알게 됐다. 나는 대부분 여자가 그렇듯 예쁘고 아기자기한 걸 보는 것을 즐거워한다. J 역시 함께 기쁨을 느낄 수 있는 감성을 갖고 있고 나와 감동하는 포인트가 비슷하다. 일본에는 우리가 함께 감동할 수 있는 요소들이 많기 때문에 더욱 즐거운 여행을 할 수 있었다.

　　　여행의 순간들을 함께 맞이할 때 추구하는 즐거움이 비슷할 경우 기쁨은 상상 이상으로 커진다. 나는 이 부분이 매우 중요하다고 생각한다. 일본여행을 J와 가기를 고집하는 이유도 이 때문이다.

　　감.성.이.잘.맞.아.서!

　　고민을 거듭해 이유를 만들어낸 한편, J의 생각도 궁금해 물었다. 그도 분명 나와 같은 이유를 생각하지 않을까 하고 착각을 할 때쯤 J는 머뭇거림도 없이 이유를 답했다. 물론 생각지도 못한 전혀 다른, 간단한 답변이었다. 그것은 다름 아닌 일본이 우리와 '식성'이 잘 맞기 때문이라는 것.

　우리는 연애 초기 때부터 연어사시미를 즐겨 먹었다. 워낙 둘 다 가릴 것 없는 식성이지만 해산물을 특히 좋아했다. 연어사시미를 먹으러 정기적으로 찾는 이자카야가 있을 정도로 우리는 연어 먹기를 즐겨했다. 어찌 됐든 그의 말대로 일본은 각종 신선한 해산물과 두툼한 연어사시미를 맛볼 수 있는 곳이기에 우리가 좋아할 이유가 충분했다.

　감성과 식성 사이, 같은 여행지 일본에서 '동일(日)이몽'을 꾸고 있었다. 좀 허무하긴 했지만, 이것 또한 다름을 인정해야 하는 부분이라고 애써 웃음 지었다.

핑크
할머니

　　　주변이 쩌렁쩌렁 울릴 정도로 개 세 마리가 짖어대
며 달려들었다. 평소 조그만 강아지도 무서워하는데, 커도 너무 큰 개가
사납게 짖어대며 달려드니 도망갈 수도 없고, 벤치 위에 올라가 겁에 질
린 채 울음을 터뜨리고 말았다.
　'세르비아' 베오그라드(Beograd)까지 오면서 지칠 때로 지쳐 또 어디
로 가야 할지, 방황의 끝은 대체 어디쯤 일지 고민에 빠져든 나에게 무섭
게 이를 드러내고 '넌 더 갈 곳이 없어! 방황의 끝은 죽음뿐이야!'라고 짖
는 거 같았다. 아! 낯선 땅에서 이렇게 죽는구나. 공포심에 별별 생각이
다 들었다.

　어디서 나타난 걸까? 할머니 한 분이 개들을 몰아내기 위해 막대기를
휘두르자 늑대 같던 개들은 순식간에 순한 양처럼 꼬리를 흔들며 사라졌
다. 할머니는 내 손을 이끌고 켈레메그단 공원 입구에 있는 한 노점 의자
에 앉히고 따뜻한 차를 내주었다. 차를 마셨는데도 여전히 긴장이 풀리지
않았다. 겁에 질려 바들바들 떠는 손을 바라보던 할머니는 등을 쓸어내리
며 작은 목소리로 말했다.

"이제 괜찮다. 다 지나갔어. 앞으로 더 널 괴롭히는 그 무엇도 없을 거야. 앞으로 오늘 같은 일이 생기면 강하게 당당하게 맞서야 해. 넌 할 수 있어! 사는 게 그래. 강해져야 해"

따뜻한 손길과 눈빛이 그동안 고생했다고, 아팠겠다고, 위로해주는 것 같아 속에 쌓아두었던 울음마저 쏟아내고서야 진정이 되었다.

어떤 경우에도 내 편이 되어주었던 할머니가 생각났다. 산을 오르다 넘어져도 튀어나온 돌과 나무뿌리를 '떽지'하며 다친 내 다리를 어루만지며 위로해 주었었다. 할머니도 부모님도 어려서 여위고, 기댈 곳 없이 혼자 고민하고 결정하고 책임지며 사는 동안 가졌던 외로움이, 방황에 시작이 아니었나 싶다.

먼 곳 베오그라드에서 낯선 여행자가 아닌 손녀처럼 다독여 주는 할머니의 사랑을 느끼고서야 내 방황의 마침표를 찍고 집으로 돌아올 수 있었다.

힘들고 우울할 때면,
핑크 머리띠를 하고
환하게 웃는

할머니
사진을 보며
용기를 내어본다.

아름다운
동행

도하행 비행기 안, 한 아기가 탈 때부터 두 시간이
지나도록 악을 쓰며 울고 있다.

"아가야~ 어디가 아픈 거야? 배고파?"
아이 엄마는 걱정에 젖도 물려보고, 기저귀도 여러 번 확인하며 안절
부절못했다.

땀에 흠뻑 젖어서 기운이 다 빠져버린 엄마와 아기를 보니 안쓰러워
내가 가지고 있는 소품 중에 아기의 시선을 사로잡을만한 게 없는지 찾기
시작했다. 괴로운 듯 울던 아기는 내가 보여준 불빛이 나는 열쇠고리에
호기심을 가졌다. 동그란 눈을 불빛 따라 움직이며 앙증맞은 손으로 잡으
려고 허둥대는 아기가 너무 사랑스러웠다.
"우와! 빛이 나오네, 요기 봐! 요기 있네~"

아이 엄마도 나에게 고맙다고 눈인사를 했다. 어디 아픈 줄 알았다가
방긋 웃는 아기를 바라보며 그제야 안심이 되었는지 눈물을 흘렸다.

"웃으니 이렇게 이쁜데, 왜 그렇게 울었어~ 많이 놀랐잖아."

8개월 됐다는 아기는 포동포동 안기는 느낌이 너무 좋았다. 엄마이기에 이해할 수 있는 감정이다. 모녀는 삼십 분도 안 돼서 잠이 들었다. 아기들은 울 때도 잠잘 때도 어쩜 그리 천사 같은지, 잠든 모녀를 보니 옛 생각에 짠하고 뭉클했다.

나도 둘째가 이맘때쯤, 돌 지난 큰애는 업고 작은애는 안고 여기저기 많이도 다녔었다. 많은 곳을 보여주고 싶은 엄마의 마음이었다. 그때도 비행기나 기차를 타면 이상하게 동시에 울어대는 애들 때문에 달래느라 땀 좀 흘렸었는데….

기저귀 차고 울어대던 두 딸은 어느덧 자라 중학생이 돼 있다. 최근 일본 여행을 계획하고, 아이들에게 모든 일정과 예약을 맡기고는 안전을 위해 따라만 갔었다. 여행도 알차고 좋았을 뿐만 아니라 두 아이가 오히려 의지가 되는 든든한 친구 같은 동행자가 되어있어 너무 놀라웠다. 앞으로 두 딸과 함께할 멋진 여행이 벌써 기다려졌다.

카타르(Qatar) 도하에 도착했는지 창밖으로 모래사장에 세운 모래성 같은 세상이 펼쳐졌다. 이제 시작될 두 모녀의 멋진 여행을 응원해본다.

'화이팅!'

지켜주고
싶은

세상

"악!! 도와주세요. 아이가 맞고 있어요!"

피가 보이는 아이를 보며 미친 듯이 비명을 질렀다. 열 살 언저리였을까? 눈이 유난히 맑고 붙임성이 있던 아이가 동네 형들에게 붙잡혀 주먹과 발길도 모자라 돌로 맞고 있었다. 가이드와 주변 어른들이 몰리자 그 무리는 사라졌다.

어린 나이에도 열심히 따라다니며 장사하는 모습이 대견하고 안쓰러워 한 아저씨가 우리나라 돈으로 만 원 정도를 아이에게 주었다. 내가 보지 못했다면 아이는 대가 없이 받은 돈을 뺏으려는 무리한테 맞아 죽었을지도 모른다는 가이드 말에 적잖은 충격을 받았다.

팔에 목걸이와 팔지를 걸고 모로코 페스(Fez) 골목에 들어설 때부터 사달라고 나를 쫓아다녔던 아이는 방긋방긋 웃는 모습이 귀여웠다. 제법 친해져서 미로 같은 골목을 걷다 길을 잃어버리면 알려주기도 하고 골목에서 친구들이 축구를 하는 것을 보고 같이 축구 경기를 하자며 내 손을

이끌기도 했었다. 축구선수가 되고 싶다고 했었는데….

"그 팔지 하나 줄래? 아까 너한테 그냥 돈 준 아저씨한테 아줌마가 갖다 줄게. 그럼 너 돈 안 뺏길 수 있잖아"

벌벌 떨고 있던 아이는 나의 설득에 팔지 하나를 내주었다. 돌가루와 피로 범벅이 된 상처를 물티슈로 닦아주는데, 아파하지도 않고 고맙다며 웃는 얼굴을 보니 너무 속이 상해 눈물이 쏟아졌다.

이 나이 때 누려야 할 세상을 지켜주지 못하는 어른이어서, 오래 같이 있어 주지 못하고 떠나는 타인이어서 너무 미안했다. 사랑스러운 아이를 꼭 품에 안고 기도했다. 아프지도 다치지도 말고, 이쁜 미소 잃지 않게 성장할 수 있기를…. 꼭 멋진 축구선수가 되기를…. 나의 바람과 온기가 아이의 마음에 닿았으면 좋겠다.

차에 오르고 페스(Fez)를 빠져나오는데 아이가 큰소리로 인사를 하며 차를 쫓아왔다. 달려오는 아이 뒤로 모로코 하늘엔 내 마음처럼 검붉게 노을이 타들어 가고 있었다.

사랑하고픈
프라하

　　　　　　　'드르륵 우당탕' 카렐교 위를 28인치 커다란 여행 가방을 끌고 요란한 소리를 내며 올랐다. 유유히 흐르는 블타바강과 동화 속으로 들어간 듯한 프라하성을 바라보며 곧 떠날 아쉬움을 달래기 위해 찾았다.

　　다리 위는 수많은 예술가의 그림과 수공예 작품을 감상하려는 관광객들로 붐비고 있었다. 반짝이는 도시를 배경 삼아 사진을 찍기도 하고, 버스킹 하는 연주자들의 음악에 맞춰 춤을 추기도 했다. 다리 밑 잔잔한 블타바강을 지나는 유람선에는 키스하는 연인들도 보인다. 아 얼마나 자유롭고 사랑과 낭만이 넘치는 프라하인가. 잠시 멈추어 바라보는 모든 것에 여유와 행복이 넘쳐났다.

　　그런데 난? 그래, 부러우면 지는 거야. 가방을 끌며 울퉁불퉁한 돌바닥을 걸을 때마다 우당탕 소리가 났지만 내 귀에는 연주에 맞추어 다듬이질해대는 소리처럼 리듬감 있게 들렸다. 따가운 시선들이 느껴졌다. 동냥을 하던 한 사내마저 고개를 들어 날 흘겨보는데 난 엉뚱하게도….

'체코는 저런 사람도 잘생겼구나. 아! 벌떡 일어나 내게 다가와 키스를 퍼부어 줬으면….'

엉뚱한 상상에 놀라 홍당무처럼 빨개지고는 고개를 저었다.

상상일지라도 여행하며 갖는 소소한 일탈은, 반복된 일상으로 무미건조해진 마음을 흠뻑 적셔주는 소나기처럼 생기를 불어넣었다.

프라하! 적당히 바람 부는 날 뜨거운 사랑을 하러 꼭 다시 오리라!

터키에서
받은

고백

'아휴. 조금만 기다리라고! 해가 뜨고 있잖아'
이렇게 또 놓치는구나.

유럽여행은 장기간 일정이라 짐을 줄인다 해도 카메라에 커다란 캐
리어까지, 넓은 지역을 대중교통으로 혼자 여행하기엔 무리가 있었다. 그
래서 저렴하면서도 대형버스 차량, 숙소도 안전한 패키지여행 상품을 선
택했다.

하지만 원하는 포커스를 찾고 집중해서 사진 좀 찍으려고 하면 이동
시간이 다 돼서 놓치는 일이 다반사였다. 꼭 가야 하는 곳이거나 여행 루
트가 맘에 들어서 선택한 패키지임에도 날씨와 현지 사정으로 다른 코스
나 쇼핑으로 변경될 때도 있었다. 그때마다 자유여행으로 올 걸 후회하게
했다.

터키 여행의 마지막, 안탈리아의 일출도 어쩔 수 없이 덜컹거리는 버
스 안에서 건물 사이로 잠깐씩 보일 때마다 셔터를 연속으로 눌러 어렵게

한 장 건졌다.

움직이는 버스에서 현지 가이드가 아슬아슬하게 서서 창밖으로 스치는 건축물과 풍경을 가리키며 설명해주었다. 어려운 역사 이야기를 이해하기 쉽도록 유머까지 곁들여 설명하는데 어느 프로 강연보다 수준이 높았다.

산을 오르며 흔들림이 심해지자 해설을 멈추고 자리에 앉는데 갑자기 버스 뒤편에서 나이 지긋하신 분이 가이드에게 묻는다.

"가이드님 이리 똑똑하고 멋진데 왜 아직도 혼자래요?"
"아직 인연을 못 만났나 보죠"
"가이드하면서 맘에 드는 고객도 없었어요?"
"이번 여행자 중에 계시네요. 아침에 일출 찍는 열정적인 모습에 반했어요"

쑥스러워하며 대답하는 가이드 말에 놀란 눈으로 모두 날 쳐다보았

다. 펑퍼짐하고 인상 좋은 아줌마로 보일 거로 생각해 어딜 가도 편히 돌아다니고 내숭 없이 먹고 행동했는데, 어느 사람에겐 반할 수 있는 여자가 될 수 있다는 게 순간 너무 기뻤다.

'나 아직 안 죽었어!!!'

공항에서 마지막 인사를 나눌 때 연락처를 묻는 그에게 유부녀임을 말할 때는 왠지 미안한 마음이 들었다.

03

설레다　　바라보다　　다가서다

_ 내 안의 간지러움.
꿈. 그 안의 용기 _

그녀,

날다

"진정한 여행은, 새로운 풍경을 보는 것이 아니라 새로운 눈을 가지는 데 있다." -마르셀 프루스트

그래서 여행이었다.
그녀와 함께한 시간은, 내게 진짜 여행이었다.

그날, 그녀는 하늘을 날았다.
미처 몰랐다. 그녀가 정말 도전할 것이라고는.
내가 아는 그녀가 하기에는 너무 큰 도전이었으니까.
게다가 여긴 낯선 땅 아닌가.
그런데 그녀는 터키의 하늘을 향해 정말 날았다.

그동안 그녀를 잘 안다고 믿어왔지만
바로 그날, 깨달았다.
안다고 믿었던 그녀의 모습은 극히 일부였다고.

어떻게 그녀는 거침없이 하늘로 뛰어든 것일까.
무엇이 그녀를 대담하게 만든 것일까.

'네가 하고 싶어 하는 것 같아서'
'나 때문에 너까지 못 하면 안 되니까.'

이마저도 나를 위한 것이었다고 말하는,
나를 위해 저만치의 용기도 끌어낼 수 있는 그녀-김 여사님.

이렇게 멋진 그녀가 바로 내 엄마다.

김
여
사
님

슬로바키아에서 왔던 모니카(Monika)는 내게 떠나라고 말했었다. 언젠가는 꼭 유럽으로 가보라고. 당시 어렸던 나는 무섭다는 말을 먼저 했었다. 그녀는 내게 무서운 건 당연한 거라고, 그건 네가 느끼는 '안정의 범위'를 벗어나기 때문이라고 말해줬다. 그때 그녀가 해준 이야기가 '자신만의 범위'였다.

사람은 누구나 자신만의 안정-불안-공포의 범위가 있는데 그 범위를 벗어나는 건 참 어려운 일이어서 그 안에 안주하는 것도 나쁜 일은 아니라고 했다. 하지만 네가 언젠가 한 번만 용기를 내서 넘어본다면, 그리 무서운 일이 아니라는 걸 알 거라고 했다. 그리고 돌아봤을 땐 용기 덕분에 안정의 범위는 이전보다 넓어져서 앞으로 더 많은 것을 보고 느낄 수 있다고 했다. 그렇게 떠나게 되었고, 나의 여행 인생도 시작되었다.

터키는 처음 온 낯선 땅이었음에도 내게는 안정의 범위였다. 자유 여행을 계획하다 보면 그 지역에서 꼭 해야 하는 것들을 넣게 된다. 카파도키아에 가면 괴레메 지역을 밟고 열기구도 타고, 페티예에 가면 바다 수영을 하고 하늘도 한번 날아야 했다. 나에겐 너무 당연한 일정이었다. 하지만 유럽에 처음 온 그녀는 나와 달랐을 것이다. 그래서 그녀에게 여러 번 되물었다.

"정말 타도 괜찮겠어?"

여행 전 열기구를 타자는 내 이야기에 놀란 토끼 눈으로 바라봤던 그녀였다. 그런 그녀가 갑자기 단번에 'OK!'라니. 여행이 그녀에게 잠시나마 용기를 불어 넣어준 건가. 그렇게 정말 예약해도 괜찮을까, 생각 중에 잊고 지낸 기억이 떠올랐다. 그녀가 내게 얼마나 높은 사람이었는지 말이다.

그녀의 손을 잡고 올려다봤던 시선이 기억났다. 정말 높았다. 그래서 어릴 적에 그녀보다 큰 사람이 지나가면 우습게도 '거인이다'라고 생각했다. 세상에 대한 나의 기준은 그녀였으니까. 잠시 잊고 지냈나 보다. 올려다봤던 그녀가 얼마나 멋졌는지. 그래. 열기구가 뭐 대수인가. 우리 엄마인데.

새벽의 공기는 차가웠다. 열기구를 타기 위해 해가 뜨기 전에 숙소에서 출발했는데, 잠이 확 깰 정도로 차가운 바람이 볼에 스쳤다. 그래도 다행이었다. 그녀를 따라 입다 보니 어찌나 따뜻하게 입었던지, 목의 작은 틈까지 바람이 들어오지 못하게 꽁꽁 막았으니깐.

　도착한 그곳은 해가 뜨기 전이라 깜깜했다. 그저 불을 지피는 소리만 있을 뿐. 열기구의 공기주머니 안을 뜨겁게 데워야 하늘에 뜰 수 있다는데, 열기구는 생각보다 훨씬 컸다. 그녀와 나는 별다른 말 없이 추위를 녹였고 준비해준 빵과 차를 마시며 기다렸다. 차가 참 따뜻했다. 시간이 지날수록 주변이 조금씩 밝아졌고, 전문가의 도움을 받아 우리는 열기구에 올라탔다. 그리고 떠올랐다.

　'그래. 이거지! 이게 바로 사진으로만 보던 그 장면인 거지! 막상 타보니 별거 아니구먼!' 열기구를 통해 내려다보는 카파도키아는 또 다른 매력이 있었다. 곳곳에서 떠오르는 열기구들도 한몫했다. 열기구들과 카파도키아의 풍경이 만들어준 장관은 정말 그림 같다고 할까. 우리가 탄 열기구도 다른 이들의 시선에서는 그림 속의 하나로 보이겠지. 그렇게 열기구에도 우리에게도 뜨거운 무언가가 들어오고 있었다.

기분이

살랑살랑
했으니간

     지중해의 바다색은 예뻤다. 바다색을 '파란색'으로 규정지으면 안 될 것 같다는 생각이 들 정도로. 푸르면서도 영롱하고, 에메랄드빛의 화사하면서도 반짝이던 그 색을 어떻게 표현해야 할까. 더불어 바다 위의 많은 배와 하늘에서 날아다니는 사람들. 페티예에 관한 첫인상이었다.

     나는 혼자 하는 여행이 좋았다. 그림을 그리던 습관인지, 원래 성향인지는 모르겠다. 그저 '철저하게 혼자가 된 나의 시간'이 소중했다. 혼자 밥 먹고, 혼자 차 마시고, 혼자 생각하며 느끼는 그런 것. 다른 누구도 신경 쓰지 않는 오롯이 혼자만의 시간. 언제부터일까. 나만의 시간이 중요해지면서 그녀와의 대화시간은 현저하게 줄어들었다.

     여행을 가기 전, 비행기 표를 선뜻 대주며 잘 다녀오라던 자매님 덕분에 알게 되었다. 그녀가 물을 좋아한다는 것을. 그래서 우린 페티예에 왔다. 배를 타고 바다로 가서 물을 즐기려고. 그런데 이거, 스케일이 남달랐다. 정말 '바다 수영'이었다.

'첨벙'
'어머 어머!'

우리가 탄 배는 바다 한가운데로 가더니 멈췄다. '설마 여기에서?'라는 생각이 끝나기도 전에 안전장비도 없이 건장한 서양 남자들이 물로 뛰어들었다. 그들을 바라보며 한쪽에선 감탄사가 나왔지만, 너무나 생소한 광경에 우리는 놀라움과 걱정이 담긴 추임새가 먼저 나왔다.

대단하다. 어떻게 안전장비 하나 없이 물로 뛰어드는 건지. 어릴 적에 수영을 배우긴 했지만 여기는 바다 한가운데 아닌가. 해변과 가깝거나 안전시설이 갖추어져 있지 않은, 당연히 망설이게 되는 곳이었다. 물에 뛰어드는 것보다는 풍경과 함께 샴페인을 짠 하는 게 더 어울려 보였다.

어느새 다들 바닷속에 뛰어들며 놀고 있었다. 남녀노소 나눌 필요 없이. 여행 전에 미리 들어서 '알고는' 있었지만 알고 있는 것과 직접 경험하는 것은 다르지 않은가. 눈으로 접하니 당혹스러움이 먼저 나왔다. 신기하기도 했다. 처음 보는 광경이었으니깐. 나보다 훨씬 어려 보이는 아이들도 거침없이 뛰어들고 있었다. 마음 같아서는 튜브라도 갖고 뛰어들고 싶었

다. 하지만 우리에겐 튜브도, 어떠한 안전장치도 없었다. 그나마 후기 덕분에 미리 사 온 긴 수수깡 같은 것이 하나 있을 뿐이었다.

아 정말 이걸 믿고 뛰어내려도 되는가. 고민에 빠진 나를 그녀는 깔깔 웃으며 바라보고 있었다. 그 순간 깨달았다. 맞다. 그녀가 나를 키운 방식이었다. 그녀는 내게 강요를 하지 않았다. 대신에, '하고 싶으면 해. 선택은 네가 하는 거야' 라는 식이었다. 뛰어내려도 내가 뛰어내리는 거고 놀라거나 즐기는 것도 내 몫이었다. 그래, 하자.

'첨벙.'

'으악~~~ 하하하'

무서울 줄 알았는데 물속으로 들어가는 순간 깨달았다. 아. 이거 너무 재밌는데! 설렜다. 바닷속의 봄바람이 나를 감싸는 기분이 들었다. 살랑살랑하게. 아마 외국인들이 봤을 땐 웃겼을 거다. 기다란 동양 여자가 요란하게 비명 아닌 비명을 내며 물에 들어가 놓고, 갑자기 재밌다고 깔깔 웃으며 놀고 있는 모습이. 나란 사람 참. 그래도 어쩔 수 없었다. 기분이 살랑살랑했으니깐.

열정의
묘미

　　　　　　　　　새로운 환경, 새로운 경험, 그로 인해 새롭게 발견하
는 내 모습을 좋아한다. 내게 여행이란 열정이다. 이번 여행은 조금 더 특
별했다. 내가 좋아하는 사람의 열정을 발견하는 즐거움까지 추가되었으
니깐. 여행 속의 열정, 열정 속의 여행인 기분이었다.

　'엄마, 여기야. 여기! 이쪽으로.', '엄마, 여기서 잠깐 기다려봐!', '엄마,
사진 찍고 가자!', '얼른 와봐. 엄마', 엄마……. 하루에도 엄마를 몇 번이나
부르며 시작했는지. 그 안에서 나는 '딸' 외에도 다양한 역할을 했다. 가이
드, 사진가, 짐꾼 그리고 하나뿐인 여행 파트너까지.

　"우리도 저기에 양말 벗고 들어가자"
　드넓은 산속의 개울가 쪽을 걷던 중 그녀가 제안했다. 다른 사람들도
물속에 발을 담그고 있긴 했지만, 우리까지 양말을 벗고 저기에 앉아있자
고? 굳이, 왜? 난감한 나와는 상관없이 그녀는 어느새 양말을 벗고 앉을
자리를 찾고 있었다. 하는 수 없이 그녀를 따라 나도 양말을 벗고 물에 발
을 담갔는데, 너무 좋았다. 뭐지. 왜 이렇게 좋지. 조금 전까지 분명 쑥스

러워했는데. 맞다. 이게 여행의 묘미다.

　그녀와의 여행을 패키지가 아닌 자유여행으로 계획한 건 사실 온전히 나를 믿고 시작한 것이었다. 한두 번도 아니고 자유여행을 할 만큼 했다고 믿었기 때문에 내가 그녀를 충분히 리드할 수 있다고 생각했다. 그렇게 리드하는 여행이 될 줄 알았다. 그녀와 여행을 하기 전까지는. 어느새 우리의 제안자는 바뀌어 있었다. 나에게서 그녀로.

　여행하면서 그녀를 잘 알게 되었다고 생각했다. 그런데 이상한 부분이 있었다. 왜 엄마는 그동안 다 잘 먹고선 '여기 음식은 입맛에 안 맞다'고 했던 걸까.

　혼자 여행할 때는 밥을 잘 챙겨 먹지 않는다. 보고 느끼기에도 시간이 부족하기 때문에 끼니를 거를 때가 많았다. 함께 여행하다 보니 여태껏 중에서 제일 신경을 많이 쓰게 되었다. 그것도 혼자 여행할 때처럼 아무 곳에나 들어가는 것이 아닌, 사전에 알아본 맛집 위주로 찾아갔다. 그래서 터키여행은 개인적으로 가장 실패 없던 식도락 여행이라고 자부할 수 있었다. 그렇게 챙겨드렸더니 인제 와서 음식들이 입에 안 맞았다니. 아니, 분명 싹싹 다 먹은 것도 모자라 남는 빵까지 챙겨와 놓고서는. 그녀의 말에 나는 정말 어이없이 웃었다.

하루는 나에게 여행 중 5리라(약 1달러)를 달라고 하더니 말도 안 통하는 이스탄불의 거리로 가서 당당히 길거리 케밥을 사 왔다. 그리고 여태껏 본 모습 중 가장 맛있게 먹었다. 천원도 안하던 그 케밥을. 정말 누가 봐도 맛있게.

"이게 여태껏 먹은 것들 중에서 제일 맛있네!"
아. 알다가도 모를 마음이여! 여행 막바지에 부리는 투정이 아닌, 진짜 별로였나 보다. 그래. 이것도 여행, 아니 열정의 묘미인거지!

가자,

꿈꾸러

카파도키아, 페티예, 그리고 이스탄불. 이번 터키 여행에서 세 곳을 함께 했다. 혼자 여행할 때는 숙소를 매번 당일에 예약했기 때문에 이번 여행에서도 늦게 예약했다. 그녀와 함께 하는 생각에 위치부터 시설까지 모두 꼼꼼하게 따져봤는데, 어쩌다 보니 카파도키아와 페티예의 숙소는 모두 트윈베드로 예약했다. 그녀에게 낯을 가리나, 라는 생각은 잠시였다. 그래. 침대가 다르면 서로가 더 편히 잠자리에 들 수 있으니 오히려 잘된 거겠지. 그렇게 우리는 여행 중 침대를 따로 써왔다. 그러다가 마지막 이스탄불의 하나 남은 숙소에서 고민이 생겼다. 위치와 시설이 모두 마음에 들었는데 더블베드 딱 하나만 남아있었다.

갑자기 한 침대에서 자면 불편할 수도 있지 않을까, 고민했다. 결과적으로 참 좋았지만. 왜 모두 다 더블베드로 알아보지 않았을까 싶었을 정도로 말이다. 물론 그녀는 나의 잠버릇 때문에 조금 불편했을 거다. 그런데 나는 그 순간 어찌나 마음이 편해지던지. 사소한 것도 모두 기억에 남았다.

흔히들 말한다. 나이가 들수록 딸과 엄마는 가까워진다고. 나 역시도, 나이가 들수록 그녀를 생각하면 애틋한 기분이 들었다. 터키여행 덕분에 그녀가 더 궁금해졌다. '잘 안다고 믿어왔던' 모습이 아닌 그녀의 모습을 바라보게 되었으니까. 생각해보면 그녀의 존재는 내게 늘 당연했다. 그녀가 좋아하는 것은 무엇인지, 어떤 음식을 좋아하고, 어떤 행동을 불편해하는지 알지 못했다. 그렇게 여행을 시작했다. 그리고 알게 되었다. 그녀는 '엄마' 이전에 남들보다 더 멋진 용기와 열정을 가진 한 사람이라는 것을.

그녀의 나이가 되었을 때 나는 어떤 얼굴과 모습으로 살고 있을까. 어떤 꿈을 꾸며 어떠한 도전을 이어나갈까. 여행기간 그녀를 바라보면서 새로운 꿈을 꾸게 되었다. 그녀를 더 닮고 싶어졌다. 그녀의 표정까지도 닮은 사람이 되고 싶다.

'여전히 곱디고운, 멋진 용기를 가진 그녀를 닮아간다면 참 뿌듯한 인생을 살게 되겠지.' 그렇게 미래를 그려봤다. 이번 여행은 또 다른 꿈을 만들어 주었다. 힘들 때 꺼내보면 미소를 짓게 하는 꿈, 앞으로의 내가 더 기대되는 또 다른 꿈.

모마와
같은

스트리트에
살아요

영화나 드라마 속에서 만났던 화려하고 즐거운 맨해튼은 없었다. 인적 드문 골목을 혼자서 걷고 있으면 생존본능이 극도로 강해졌다. '이런 골목에서 총을 든 남자가 갑자기 나타나던데 혹시 그러는 건 아닐까. 여긴 뉴욕이잖아! 뉴요커들은 걸음이 빠르기로 유명한데 다들 살아남기 위해 빨리 걷는 게 아닐까.'

맨해튼에 와서 꼭 보고 싶었던 건물인 유엔 본부까지 걸어갔다. 걸어가는 길과 오는 길 모두 어찌나 무서웠는지 모른다. 걸어 다니는 사람들은 아무도 나에게 관심이 없는데 나는 걷고 있는 자체가 두려웠다. 나는 하루라도 빨리 이 도시에 흡수되고 싶었으나 자꾸 겉도는 느낌이었다.

뉴욕은 바둑판 같아서 좌표를 찍으면 원하는 곳이 바로 짠! 하고 나온다. 하지만 가고 싶은 곳이 딱히 없었다. 내가 만나고 싶었던 뉴욕은 어떤 곳이었을까. 그렇게 오고 싶었는데 막상 뉴욕에 오니 가고 싶은 곳이 없어져 버렸다. 물론 핑계다. 걷기 싫었다. 걸어 다니는 것이 무섭기 시작하니 핑계가 시작됐다.

'브루클린 브리지도 걸어보고 싶고, 브라이언 파크에서 점심도 먹고 싶었다. 메트 계단에서 샌드위치도 먹고 싶고, 하고 싶은 게 천지다. 그런데 지금은 겨울이라서 불가능하다. 겨울이라서 못하는 게 천지다! 록펠러 센터에 있는 엄청 큰 크리스마스트리도 보고 싶었는데, 시즌이 끝나고 왔다. 이건 다 겨울이라서 그래!' 하루에도 몇 번씩 구차한 핑계를 늘어놓았다.

그런 나에게 자주 갈 수 있는 곳이 있었다. 뉴욕 현대미술관(The Museum of Modern Art), 애칭 모마다! 모마는 내가 묵고 있는 숙소와 같은 53번 스트리트에 있었다. 집을 나가서 오른쪽으로 쭉~ 네 블록만 더 가면 모마가 나왔다. 모마까지 가는 길엔 신데렐라를 공연하는 공연장도 있었고, 스타벅스도 있었다. 걸어가는 길이 매번 북적북적 댔기에 무섭다는 생각 없이 쭉 걸어갈 수 있었다.

모마가 더 와 닿는 것은 내가 좋아하는 모딜리아니와 피카소의 그림이 있었기 때문이다. 길쭉길쭉한 얼굴에 눈동자를 그리지 않은 그의 그림

속 잔느. 모딜리아니가 죽자 아이를 밴 채로 자살한 그녀의 슬픔은 그림에 담겨있지 않았다. 그저 사랑에 빠진 여자만 있을 뿐.

피카소 그림도 그랬다. 처음엔 그저 동그라미, 세모, 네모 같던 그림이었다. 그런데 어느 날부턴가 그림이 느껴졌다. 가만히 보고 있으면 피카소가 사랑했던 순간과 설렘이 물감으로 표현되어 있다는 것을 알 수 있었다. 나도 누군가의 뮤즈가 될 수 있을까.

그런 생각으로 행복하게 그림을 보고 다시 돌아 갈 때면 집에 가서 뭘 먹을까 고민만 했지 무섭다는 생각이 들지 않았다. 나는 그렇게 모마에 살고 있다는 것만으로 걸을 수 있는 용기를 얻었다. 자정 가까이에 끝난 오페라를 보고 숙소로 돌아오기 위해 혼자서 15분 동안 걸었으니 성공 아닌가. 한때나마 내가 뉴요커이던 시절, 모마는 내게 용기였다.

오렌지
빛

깃털

메트로폴리탄 오페라에서 처음으로 오페라를 접한 날, 이 길은 내 길이 아니라 생각했다. 처음부터 끝까지 중저음으로 쥐어 짜는 '루살카'라는 작품은 긴 시간을 왜 견뎌 내야 하나 의문을 갖게 했다. 슬픔을 토해내는 스토리가 너무 힘들어서 오페라를 포기할까 여러 번 고민했다.

다시 용기를 내서 접하게 된 오페라 '프린스 이고르'는 많은 수의 배우들이 합창하는 장면이나 무대를 폭파해버리기도 하며, 오페라에 대한 흥미를 고조시켰다. 그렇게 기대에 차서 세 번째 본 오페라 박쥐는 '아! 드디어 최고의 작품을 만났어!'라는 생각이 들었다.

박쥐의 서곡은 김연아 선수가 쇼트 프로그램으로 연기했던 곡이기도 해서 익숙한 멜로디에 흥이 절로 났다. 그렇게 첫 번째 막이 끝나고, 밖으로 나와 쉬고 있는데 내 눈앞에 엄청 멋있게 꾸미고 온 여자가 지나갔다.

반짝거리는 큐빅이 달린 일자형 드레스를 입고 머리에는 작은 모자를 실 핀으로 고정했는데 그곳에 오렌지빛 깃털을 달고 있었다. 오페라를

보러 갈 때 예쁜 의상을 입고 온다던데 정말 그렇구나 싶었다. '이왕 뉴욕에 온 거 나도 좀 차려 입어볼 걸 그랬나?' 싶었다가 내가 오늘 산 티켓은 그런 자리가 아니라는 생각이 들었다. 그렇게 막이 오르기 5분 전이라는 종이 울렸고 내 자리인 제일 꼭대기 층으로 향했다.

뉴욕에서 클래식 공연이 보고 싶었고, 매번 보러 갈 시간이 되는 공연이 오페라였는데, 가격이 싼 제일 꼭대기 층의 표를 사곤 했다. 그래도 자존심은 있어서 꼭대기 층에서 앞줄의 표를 샀다. 뒷줄의 표보다 아주 조금 투자해서 말이다.

꼭대기 층은 가난한 여행객들이 앉는 자리이거나 가난한 뉴요커가 앉는 자리라는 생각을 했다. 그런데 아까 본 오렌지빛 깃털의 여자가 꼭대기 층으로 왔다. 그리곤 가장 뒤쪽으로 가서 앉는 것이 보였다.

그렇게 차려입고 올 정도면 1층 맨 앞쪽에 앉을 줄 알았다. 왜 그런 선입견을 품은 것일까. 저 여자는 오늘 밤, 이 무대를 즐기기 위해 최선을 다해 준비해서 왔구나 싶었다.

그 순간, 꼭대기 층에서 가난한 사람은 나밖에 없다는 생각이 들었다.

모두 부자였다. 내 마음이 너무 가난해서 도망치고 싶은 생각이 들 정도였다.

　자본주의 속 계층 형성을 그렇게도 싫어했는데 오페라 좌석으로 계층 형성을 하고 있었다. 그 날 이후, 나는 꼭대기 층에 대한 선입견을 버렸다. 꼭대기 층은 1층과 마찬가지로 부자인 사람들이 앉는 곳이다. 마음이 부자인 사람들 말이다.

허무함이

밀려오지
않도록

맨해튼의 야경은 너무도 매력적이었다. 한 번은 뉴
저지에서 맨해튼을 바라본 적이 있는데 스카이라인이 멋있어서 연신 셔
터를 눌러댔던 적이 있다. 문제는 밤에 찍어서 그런지 모든 사진이 흔들
려버렸다.

야경 사진을 제대로 찍어야겠다는 결심으로 뉴욕에서 좀 더 높은 곳
을 찾기로 했고, 뉴욕에 오기 전부터 꼭 올라가고 싶었던 엠파이어스테이
트 빌딩을 눈독 들이기 시작했다.

운이 나빴던 것일까. 엠파이어스테이트 빌딩을 찾은 그 날은 기분이
최악인 날이었다. 하필, 그런 날. 일행들은 엠파이어에 올라가자고 나를
데리고 간 것일까.

전날에도 기분이 좋지 않아서 구겐하임의 긴긴 줄을 2시간이나 기다
려서 들어갔는데도 오랜 시간 줄을 서 있었다는 생각을 못 했다. 그저 내
괴로움을 삭일 시간이 필요했을 뿐이었다. 같이 줄을 서 있던 호주 여자
아이와 친해질 기회가 있었는데 도네이션 표를 사자마자 혼자 그림을 봤
다. 나는 혼자 있고 싶었다.

밤에 찾은 엠파이어스테이트 빌딩은 예뻤고 높았다. 혼자 올라가면 딱 좋겠는데 일행들과 함께하니 힘들었다. 기분 나쁜 티를 안 내려고 했지만, 기운이 널리 널리 전해졌나 보다. 일행들도 어느 순간 말이 없었다.

그렇게 올라간 전망대는 그저 그랬다. 아니, 실망스러웠다. 전망대를 한 바퀴 돌던 나는 이 높은 곳까지 올라오기 위해 긴 줄을 서고, 엘리베이터도 갈아타고 왔는데 '이게 뭐야'라는 생각이 들기 시작했다.

이번엔 작은 전망대에서 야경 사진이라도 건져볼까 하여 사진을 찍기 시작했다. 철조망 때문에 예쁘게 나오지 않았다. 그물과 같은 철조망을 피해 렌즈를 바짝 대고 찍었으나 야간이어서 또다시 사진은 흔들리기 시작했다. 그렇게 실망스러운 마음만 담고 빌딩에서 내려왔다.

맨해튼에서 걸어 다니기 무서워하던 나도 일행과 같이 있을 땐 걸어다녔다. 안전이 보장된다 싶으면 뉴욕을 더 보고 느끼고 싶어서 택시나 버스를 타지 않았다. 그 날은 마음이 심란해서 내려오자마자 택시를 잡았다. 노란 택시에 몸을 맡기고 한숨을 푹 쉬며 빌딩을 올려다봤는데 엠파이어스테이트 빌딩이 서 있는 것이 아닌가. 밑에서 보니 올라가고 싶은 빌딩이 조명을 받으며 너무도 우아하게 서 있었다.

내가 빌딩에 올라가서 우울했던 건 기분 때문이 아니라, 목표를 성취하고 난 뒤 허무함이었다. 너무 갑작스럽게 올라가 버린 목표에 큰 공허함이 밀려왔었다.

그 뒤로 준비가 되지 않으면 높은 곳에 올라가지 않게 됐다. 앞으론 꿈이 이루어지는 그 날을 위해 차근차근 준비하고 싶다. 허무함이 밀려오지 않도록 말이다.

생각지도
못했던

행운

　　　벽에 부딪혀서 뚫고 올라갈 수 없을 것 같은 느낌이
들 때가 있다. 엄청 두꺼운 호일로 만든 벽처럼 살짝 늘어나기는 해도 절
대로 뚫리지 않는 그런 벽 말이다. 그럴 때마다 나는 비발디의 사계 여름
3악장을 듣는다. 대중적인 곡이어서 누구나 들으면 아! 이 곡이구나! 싶
은 노래다.

　　개인적인 곡의 느낌을 해석하자면 괴롭고 고통스러워 거친 파도에
휩쓸려 갈 것 같은 멜로디가 연주되다가 힘이 하나도 없는 지친 상태의
멜로디가 연주되고, 마침내 결심해서 도전해보겠다는 듯한 멜로디가 연
주된다.

　　파리와 만난 것은 두 번이었는데 두 번 다 비장했던 것 같다. 한 번은
개인적인 목표를 자투리 시간 안에 해내고 싶어서 그랬고, 한 번은 정말
중요한 회의가 잡혀 있어서 조금이라도 실수하고 싶지 않았었다. 긴장했
던 회의가 대성공으로 끝나자 나에게 상을 주고 싶어졌다.

무얼 할까 싶어서 주변을 돌아보던 중 우연히 오늘 밤, 비발디의 사계가 연주된다는 소식을 들었다. 인터넷으로 예매하지 못해 초조하게 공연장으로 뛰어갔는데 다행히도 표가 있었다. 물론 앞쪽구역으로 티켓 값이 조금 비쌌지만, 연주를 들을 생각에 너무 신이 났다. 그 날은 비발디의 곡 말고도 여러 곡이 연주되었다.

　불행의 시작은 비발디의 봄 3악장 끝 무렵이었다. 엄숙한 클래식 공연에 항상 등장하는 사람이 있다. '기침하는 사람' 말이다. 연주는 계속되었고 봄에서 여름으로 넘어갔다. 1악장이 시작되자 이 사람의 기침 횟수가 잦아졌고, 매우 조용한 2악장이 시작되자 숨넘어갈 정도가 됐다. 물을 건네도 안 되자 그 사람은 결국 길고 긴 공연장을 콜록콜록 기침하며 나갔다.

　그 사람이 나가고 나서 시작된, 내가 가장 사랑하는 3악장은, 연주자들이 정신이 무너졌는지 완전히 엉망이 됐다.

　모든 연주가 끝나고 제 1바이올린 연주자가 아쉬운 표정을 지으며 뭐

라 뭐라 떠들었다. 알아들을 수 없는 불어에 그저 조용히 있는데 여름 3악
장이 다시 시작됐다. 아. 아까 제대로 연주하지 못해서 다시 해주는구나.

인생엔 생각지도 못한 코미디가 끼어들 때가 있다. 오늘이 그런 날이
었는데, 다행히도 망한 여름 3악장과 성공한 여름 3악장을 듣는 영광을
갖게 됐다. 기침을 콜록거리는 여자 덕분에 가지게 된 행운인지도 모른다
는 생각에 키득대며 숙소로 돌아왔다.

내 삶에

방긋
웃어줄
날

      혼자 산다는 게 뭔지 아직 모르겠다. 쓰레기 치우는 일, 방을 쓸고 닦는 일, 화장실에 세재 뿌리는 일, 세탁기 돌리고 빨래 너는 일 등. 혼자 해야 할 것들이 늘어나니 책임져야 할 일들이 늘어났다. 문제는 내가 사소한 일상의 일들을 제대로 못 하고 있다는 거다.

     '내 뒤치다꺼리도 못 하는 데, 뭘 더 추가하고 꾸짖고 바라나….'

     일을 시작했을 때, 어떤 마음이었는지 잊었다. 그때의 활기찬 나로 돌아가고 싶은데 잊어버렸다. 그땐 뭘 해도 즐겁게 받아들였는데 어느 순간부터 뭘 해도 괴로워지는 권태기가 찾아왔다. 일이 재미없어지니, 뭘 해도 짜증투성이였다. 그렇게 내가 이성의 끈을 놓을 때마다 많은 사람에게 상처를 준 것 같았다. 하고 싶은 말을 꿀꺽 삼키는 습관을 다시 갖고 싶은데 그게 마음 같지 않다.

     내가 걱정하는 건, 정면으로 마주할 때 어떤 즐거움이 있는지 이 일을 통해 알고 싶은데, 혹시라도 내 능력이 부족해서 그 자리에 못 서 있을까 봐 두려웠다. 그렇게 고민하고 심란했던 어느 날, 친구가 생 쉴피스 성당으로 나를 안내했다. 빅토르 위고가 결혼한 장소로 유명한 이곳은 한때, 세상의 중심이었다. 이곳이 유명한 이유는 영화 다빈치 코드에 등장했던 로즈라인 때문이다.

로즈라인, 우리에게 조금 더 익숙한 단어로는 '본초자오선'이다. 남극과 북극을 연결하여 지구의 중심선을 그은 선이 본초자오선인데 옛날엔 생 쉴피스 성당에 있는 로즈라인이 세상의 중심선이었다고 한다. 그런 로즈라인에 서니 기분이 묘했다. 내가 세상의 중심에 정면으로 서 있다는 생각이 들었다.

생각해보니 세상의 중심은 언제나 바뀌었다. 내가 지금 중심에서 조금 비켜서 있더라도 언젠간 내가 살짝 비켜있는 이곳이 세상의 중심이 될지도 모른다. 그러니 더 정면으로 서 있지 못할까 봐 두려워하지 않아도 된다는 생각이 들었다.

인생에 잠시 스쳐 지나갔던 사건들이 문득 떠오를 때가 있다. 그때는 그게 무엇인지, 어떤 의미인지 전혀 몰랐는데 지금 생각해보면 정말 엄청

난 일이었다. 앞으론 감당이 안 되는 일의 연속에서 세상의 중심이 나를 스쳐 가는 순간을 알아차릴 수 있었으면 좋겠다. '지금 로즈라인에 서 있구나'라는 것을 알 수 있도록 말이다. 그 순간이 오면 내 삶에 방긋 웃어 줄 수 있을 것 같다.

영접의
시간

축구는 인생의 8할이었고, 후회 없는 청춘이었다. 고등학교 때에는 꿈을 적는 란에 '유럽에서 축구 보는 것'이라고 적기도 했다.

성인이 되고 난 후에는 경기를 중계로 보는 것도 모자라 유럽으로 건너가 대략 30경기쯤 본 것 같다. 이렇게 유럽 여행의 초점도 늘 축구였고, 축구경기였다.

축구를 보면서 마냥 행복하기만 할 것 같았던 유럽, 비행기를 타고 13시간 이상 날아온 새로운 공간에서는 생각하지 못했던 일들이 많았다. 그만큼 얻게 된 이름 모를 감정들. 이 감정을 함께 공유하고 곱씹을 수 있는 사람들이 있고, 축구 경기를 보며 같은 팀을 응원하고 즐기는 사람들이 있다는 것은 행복하고 감사한 일이었다. 되돌아보면 여행을 다시 한번 여행답게 만들어 주었다.

여러 번의 유럽 축구 여행이 있었지만 그중에서도 축구와 인연이 있는 작은 소도시들을 참 열심히 돌아다녔다. 기쁘다 유럽 오셨네. 축구에

대한 애정 덕분에 적어도 여행의 의미가 퇴색되지 않았다. 순간순간을 눈에 넣기에 바빴으니까. 내 인생의 화양연화가 시작되었음을 눈치챘기 때문일까. 다행히 아직도 여행의 기억을 소유하고 있다.

한때 '아프니까 청춘이다'라는 말이 유행했다. 유행이라기보다는 당연하다는 듯이 받아들였다. 아름다운 청춘을 치열하게 살아가는 곳에만 너무나도 하릴없이 보내진 않았을까. 청춘의 격랑을 앞으로도 헤쳐 나갈 수 있을까.

답은 신기하게도 축구 여행이 정의해주었다. 잘하고 있어 민영아. 앞으로도 정신없이 굴러가는 축구공, 벅찬 함성 안에서 하루하루가 근사했으면 좋겠다. 지금처럼.

마음의
발자취

리옹에 도착했다. 내가 아는 리옹은 프랑스 역사를 바꾼 방직공장노동자들의 도시, 좋아하는 라카제트가 있는 축구팀이 있는 곳, 두 강이 흐르는 곳이 전부였다.

숙소가 있는 역에 내려 가만히 쳐다보았다. 어느새 나도 모르게 입가에 미소를 지었고, 손은 셔터를 누르기에 바빴다. 행복해 보였다. 그래서인지 이 도시를 안아주고 싶었고 안기고 싶었다.

리옹에 도착한 후 입가에 미소를 지을 수 있었던 것은 '좋았어, 오늘 날씨는 맑음이다!'라고 생각했기 때문이었다. 이렇게 들뜬 마음으로 숙소에 짐을 풀고 나왔다.

하지만 나와서 걷는 내내 비가 왔다. 비가 오는 것이 아니라 비바람이 쳤다. 이래서 축구를 보러 갈 수 있을까 경기장까지 갈 수 있을까. 어느덧 트램을 타고, 내리고, 걸어서 리옹의 새 경기장에 도착했다. 역시 세상이 빗물 좀 끼얹는다고 식을 만큼 내 열정이 미지근하지는 않았다.

경기를 보는 내내 입가에 미소가 가시질 않았다. 마치 리옹의 골수팬을 연상시켰다. 경기도 3-1 승리를 거두었다. 이제 기쁘게 숙소에 가는 일만 남았다. 트램을 탄 후 지하철로 갈아타야 했다. 그런데 지하철도 버스도 없다고 했다.

리옹은 오늘 내게 왜 이럴까. 택시도 보이지 않았다. 심지어 사람도 없었다. 다행히 내 또래로 보이는 친구들이 콜택시를 불러주고 갔다. 하지만 30분이 지나도 택시는 오지 않았다. 불안해지기 시작했다. 불안함을 어르고 달랬다. 스스로 지도를 들고 숙소를 찾아갈까 생각했지만 어둡고 길에 사람이 없어 길을 물을 수도 없었다. 1시간째 택시를 잡고 있었다. 자전거를 타고 지나가던 보라색 모자의 언니가 나와 함께 50분가량 택시를 잡아주었다. 새벽 2시가 되어서야 나의 구원자 보라색 모자 언니와 함께 잡은 택시를 타고 숙소에 도착했다. 침대에 누워 생각해보니 웃음이 나왔다. 그래도 결론은 사소한 이야기들이 모여 오늘도 역시 행복한 하루였다.

어젯밤에 이어 오늘도 리옹은 나에게 새로운 상황을 만들어 주었다. 노동절이어서 트램, 택시, 지하철, 버스 아무것도 운행하지 않는다는. 여행을 혼자 다니다 보니 이런 상황이 와도 혼자 해결해야 한다.

'까짓거 뭐 걸어가면 되는 거지.' 지도를 들고 터미널까지 걸어갔다. 9시에 나와서 2시 버스를 타러 터미널에 왔다. 오면서 강도 보고 리옹의 거리를 눈에 넣느라 바빴다.

'여기서 걸어갈 수 있을까?'라고 말했던 호텔 프런트 언니의 말에 '왜 못가겠니'라고 말하고 캐리어를 끌고 나온 내 모습이 다시금 스쳐 갔다. 역시 자신을 믿어주는 것만큼 강한 방패는 없는 거 같다.

파리로 돌아가는 버스 안에서 스르륵 눈을 감아 보았다. 오히려 다섯 시간가량 걸으면서 볼 수 있는 것이 많았다. 내가 트램을 탔거나 지하철을 탔으면 '이런 건 지나쳤겠지? 못 봤겠지?'

세상엔 알고 가는 길과 모르고 가는 길이 있다. 원래의 계획대로였다면 더 좋은 작품을 보고 맛있는 음식을 먹었겠지만, 모르고 갔던 길은 다리 위에 꽃나무가 있음을 알려주었고, 가로수길이 있다는 것도 그리고 나에게 내 품도 선사해주었다. 기댈 수 있는 것은 오로지 내 품이니까.

공존의
시간

 무사히 세월은 지나갔고, 지나가고 있었다. 발렌시아는 과거와 현재의 가교 구실을 해주는 곳이다. 아니면 과거와 현재를 공존시킨다. 제주도에 제주 감귤이 있다면 발렌시아엔 오렌지가 있겠지? 역시나 오렌지의 깨끗한 프루티함이 가득한 곳. 시각으로 향수를 느낄 수 있는 곳임은 틀림없었다.

 스페인에서 3번째로 큰 도시라는데 전혀 알지 못했다. 마드리드와 바르셀로나에 너무 가려져 있는 느낌이다. 게다가 물가가 싼 편이다. 진짜 파에야가 있는 곳이라길래 도착하자마자 파에야부터 먹으러 갔다. 최소 2인분 이상 주문을 해야 했다. 말이 2인분이지 혼자서도 충분히 먹을 수 있는 양이다. 물론 내 기준에서다. 확실한 건 마드리드나 바르셀로나에서 먹은 파에야들과 달랐다. 더 맛있다기보다는 뭔가 형용할 수 없는 맛이었다. 일부러 꾸며내지 않은 자연스러운 맛?

 발렌시아 중앙역인 노르테 역에 도착해서 나오면 바로 옆에 투우장이 있다. 로마의 콜로세움을 연상시키듯 동그랗게 생겼다. 투우장 안에서

소들은 치열하게 싸웠겠지. 마치 20대를 살아가는 우리 청춘들처럼. 여행이 늘 그렇듯 모든 것이 새롭게 보였다. 몇 번을 갔던 마드리드와 바르셀로나와는 달랐다. 분명 반복되는 풍경 속에서도 새로운 것이 느껴졌다.

오렌지 군단이 가까워지고 있음을 암묵적으로 느낄 수 있었다. 발렌시아팀의 유니폼과 오렌지색 비니를 쓰고 있으니 사람들이 엄지 척을 해 줬다. 발렌시아의 구장 투어는 하루에 세 번 있었는데, 2시간 정도가 남아 혼자 다리를 건너 시내가 아닌 다른 곳을 향해 걷고 또 걸었다. 이유를 알 수 없는 상쾌함이 앞길을 가득 채우곤 했다. 그리고 다시 돌아와 구장투어를 했다. 스페인어와 영어로 진행이 되었다.

새벽이 좋다. 오늘과 내일의 사이, 어쩌면 새벽부터 새벽이라고 표현하겠다. 새벽에 들려오는 소리를 가만히 듣고 있으면 나도 모르게 눈을 감았다. 그리고 내일은 어떤 근사한 일들이 또 생길까 생각을 했다. 그렇게 발렌시아에서의 하루가 저물었다.

We
never
walk
alone

축구인의 성지, 비틀스의 도시 리버풀. 런던에서 리버풀로 가는 길은 순탄치 못했다. 런던에서 지하철 연착. 고속버스 2시간 연착. 고속도로 위에 헬기가 떨어져 도로 마비. 내가 지금 꿈을 꾸고 있는 건가 생각이 들었다. 버스에서 내린 후 몇 명이 모여 택시를 탔다. 이것도 신기한 경험이었다. 내가 잉글랜드에서 택시를 타보다니! 하지만 이 중에서 유독 얼굴이 상기 된 사람이 있었다. 그건 바로 나였다. 나는 축구 티켓이 없었기 때문이었다.

리버풀의 축구 구장인 안필드에 도착했다. 'I need a 1 ticket'이라는 글을 써 서 들고 있었는데, 역시 신은 날 버리지 않았다. 할아버지가 나에게 다가와서 암표를 팔았다. 200파운드였는데 150파운드로 흥정을 한 후 티켓을 들고 입구로 뛰어갔다. 하지만 티켓을 내는 순간 희비가 교차했다. '미안한데, 이 티켓 가짜야 너 사기를 당한 것 같아.' 이게 대체 무슨 말이지? 순간 다리에 힘이 풀려 주저앉았다. 그리곤 복식호흡으로 다져진 발성을 뿜내며 울부짖었다.

제일 고참으로 보이는 할아버지가 나에게 티켓을 선사해 주었다. '우리 리버풀에 그런 나쁜 사람들만 있는 게 아니야 계속 리버풀 응원해 줄 거지?' 당연하지! 이스탄불에서의 기적이 또 일어나길 바라! 굿럭! 그리고 경호원들의 부축을 받고 자리까지 들어가게 되었다. 심지어 경기 결과까지 리버풀이 3-1로 압승을 했다.

　기분 좋게 나왔지만, 나의 고난은 여기서 끝나지 않았다. 터미널까지 어떻게 가야 하는지 생각하지도 않았다. 택시를 같이 탔던 친구들과(어느새 친구가 되었다.) 함께 터미널까지 걸어가기로 했다. 경기가 끝난 시간은 9시, 나와서 선수들의 사인을 받고 유니폼을 사니 어느덧 10시, 버스는 1시. 우리 버스 탈 수 있을까? 응! 여기서 걸으면 2시간 30분이야. 어찌나 긍정적이고 해맑던지 그 해맑은 미소는 잊히지 않는다.

　리버풀에서 런던으로 돌아가는 버스에서 문득 드는 생각에 웃음이 났다. '신민영! 진짜 축구에 대한 열정은 알아주어야겠다.' 리버풀에서의 사진을 보면 다시 입가에 미소를 짓느라 바빴다.

내 기억

그리고

내 하루

이곳은 내 계획에 없었다. 아니 원래 '내 계획'이란 것 자체가 없다. 그때그때 하고 싶은 일이 생기면 그냥 하기로 마음먹는 사람이라서 오게 되었다. 축구 경기를 보고 싶다는 생각은 있었지만, 경기를 보기에는 너무 촉박한 시간이었다. 그래도 가볼까 했는데 역시 와보길 잘했다. 그리고 생각지도 못했던 환호에 휩싸였다. 여태까지 유럽에서 먹었던 음식 중에 제일 맛있는 음식이 있었다. 미식가의 도시인가 보다.

도시 자체가 상당히 깔끔했다. 싱가포르를 연상시키는 길이었다. 바닥에 쓰레기 하나가 없었다. 내 발자국이 길을 더럽힐까 걱정이 될 정도였다. 대게 유럽여행을 하다 보면 생각보다 더러운 곳이 있어 눈살을 찌푸릴 때가 있다. 이곳은 반대로 청초하고 깨끗했다. 게다가 도시 자체가 편안하기까지 했다. 우리나라 선수가 두 명이나 뛰고 있으니, 이 도시를 사랑할 수밖에 없었다. 이곳은 살기 좋은 곳임이 틀림없다.

축구 경기를 보러 왔으나 시간은 10분 정도밖에 없었다. 뮌헨으로 돌아가서 런던으로 이동해야 했기 때문이었다. 나의 전매특허 'I need a ticket.'을 종이에 써서 들고 있으니, 아우크스부르크의 한 팬이 시즌권이 2개 있다며 같이 들어갈 수 있다고 해주었다. 하지만 옆에서 태극기를 들고 있는 한 남자가 눈에 밟혔다. 이미 매진되었기에 표를 구할 수가 없다고 했다. 나는 용기를 내서 '그럼 나 대신 들어가서 경기가 끝날 때까지 응원해주세요. 대신 순간을 담아 사진을 보내줘요'라고 말한 뒤 내 번호를 알려주었다. 하지만 그에게서 연락이 없었다. 소심하게 있던 그에게 호의를 베풀었는데 돌아온 건 아무것도 없었다. 이름도 얼굴도 기억이 나지 않는데, 만약 그가 이 글을 보게 된다면 꼭 반성했으면 한다.

아우크스부르크의 내 감흥이 소심남으로 인해 깨져 버릴 뻔했다. 하지만 나의 청초한 추억을 고작 그런 기억으로 지울 순 없었다. 유연하게 생각해야지. 간단하게 생각해야지. 열심히 꽉 채운 내 기억을 그리고 내 하루를.

여행에 물들다

펴낸날	초판1쇄 인쇄 2018년 03월 13일
	초판1쇄 발행 2018년 03월 20일
지은이	김승아, 조성주, 한성민, 김민경, 이경원
	이아린, 한혜미, 구진영, 신민영
펴낸이	최병윤
펴낸곳	알비
출판등록	2013년 7월 24일 제315-2013-000042호
주소	서울시 강서구 화곡로 58길 51, 301호
전화	02-334-4045
팩스	02-334-4046
이메일	sbdori@naver.com
종이	일문지업
인쇄	한길프린테크
제본	광우제책

ⓒ여작이

ISBN	979-11-86173-43-5 03980
가격	13,000원

「이 도서의 국립중앙도서관 출판예정도서목록(CIP)은 서지정보유통지원시스템 홈페이지(http://seoji.nl.go.kr)와 국가자료공동목록시스템(http://www.nl.go.kr/kolisnet)에서 이용하실 수 있습니다.(CIP제어번호: CIP2018008181)」